玻化微珠永久性保温墙模复合剪力墙体系的研究

刘元珍　著

北京邮电大学出版社
www.buptpress.com

内容提要

作为一种自保温体系，玻化微珠永久性墙模复合剪力墙体系是总结了国外的模板保温、免拆模板现浇承重墙和混凝土小型空心砌块承重墙等体系的成功经验，取其科学合理核心，与我国现行建筑结构做法相结合而形成的。本书对玻化微珠永久性保温墙模复合剪力墙体系进行了较为系统的研究，包括技术可行性研究、力学性能研究及经济性综合评价三个方面。技术可行性研究内容主要包括材料研制及墙模设计；力学性能研究包括复合剪力墙竖向承载力试验、抗震性能分析及本体系试验楼模型的抗震动力分析；经济性综合评价包括评价模型的建立及综合评价实例。

本书可为土建类和建筑节能方面的工程技术人员提供参考。

图书在版编目(CIP)数据

玻化微珠永久性保温墙模复合剪力墙体系的研究/刘元珍著.--北京：北京邮电大学出版社，2012.1

ISBN 978-7-5635-2867-7

Ⅰ.①玻… Ⅱ.①刘… Ⅲ.①玻璃微珠—保温—剪力墙结构—研究 Ⅳ.①TQ171.79②TU398

中国版本图书馆 CIP 数据核字(2011)第 272187 号

书　　名：玻化微珠永久性保温墙模复合剪力墙体系的研究
作　　者：刘元珍
责任编辑：何芯逸
出版发行：北京邮电大学出版社
社　　址：北京市海淀区西土城路 10 号(邮编：100876)
发 行 部：电话：010-62282185　传真：010-62283578
E-mail：publish@bupt.edu.cn
经　　销：各地新华书店
印　　刷：北京源海印刷有限责任公司
开　　本：720 mm×1 000 mm　1/16
印　　张：12.75
字　　数：247 千字
印　　数：1—3 000 册
版　　次：2012 年 3 月第 1 版　2012 年 3 月第 1 次印刷

ISBN 978-7-5635-2867-7　　定　价：28.00 元

前　言

玻化微珠永久性保温墙模复合剪力墙体系是适应我国在住宅建筑中大力开展建筑节能、发展绿色建材、推进墙体革新的新形势而提出的新型建筑节能结构体系。作为一种自保温体系，玻化微珠永久性墙模复合剪力墙体系总结了国外的模板保温、免拆模板现浇承重墙和混凝土小型空心砌块承重墙等体系的成功经验，取其科学合理核心，与我国现行建筑结构做法相结合而形成的。该体系实现了结构体系与保温隔热技术的结合，结构施工过程中完成墙体保温施工。结构体系方面，该结构体系为带缝剪力墙结构，结构变形能力强，可以实现抗震结构控制。该体系适用于多层或中高层住宅建筑或纵横墙较多的公共建筑，可以用于抗震和非抗震地区，并可满足不同气候区的保温、隔热需要，在提高住宅适用性、安全性、耐久性、舒适性等住宅品质的同时，还带来了显著的经济效益。

本书对玻化微珠永久性保温墙模复合剪力墙体系进行了较为系统的研究，主要工作包括技术可行性研究、力学性能研究及经济性综合评价三个方面。技术可行性研究内容主要包括墙模采用的无机保温材料研制及永久性墙模设计；力学性能研究包括复合剪力墙竖向承载力试验、墙体抗震性能分析及体系试验楼模型的抗震动力分析；经济性综合评价主要包括评价模型的建立及对本体系试验楼功能、全寿命周期费用、价值的分析及评价。

本书对于建筑节能结构体系的研究，有助于在我国类似地区推广使用新型结构体系和新型建筑材料，更好地节约能源、保护耕地、美化环境。期望本书能为建筑节能有关科研、生产和应用部门提供一些思路和借鉴，促进建筑节能自保温结构的健康发展。

本书研究内容先后得到山西省自然科学基金(2006011050)、国家自然科学基金(50778118)、高等院校博士点专项科研基金(200801120003、20101402120007)的资助。特此致谢。

求真知者，承于师恩。诚挚感谢在课题研究和本书出版中给予我指导、鼓励和帮助的李珠教授。

参与本项目研究的同事和研究生包括张泽平老师、杨卓强、朱民伟、芦建军、张巍、涂劲松、张婷等，本书研究成果与他们的辛勤工作密不可分。太原理工大学土木工程实验中心、山西省建工集团和太原思科达科技发展有限公司对本课题研究进行了大力支持和协作，保证了实验室试验和现场试验的顺利进行。另外，本书的刊印出版得益于王蕊博士和多位专家编辑和校审专家的努力。在此一并表示感谢。

限于作者的学术水平和分析能力，书中的错误和不足之处在所难免，敬请专家和学者批评指正。

作　者

符号说明

K	传热系数,W/(m^2 · K)
R	热阻,m^2 · K/W
R_0	传热阻,m^2 · K/W
λ	导热系数,W/(m · K)
E	混凝土弹性模量,N/mm^2
G	混凝土剪切弹性模量,N/mm^2
$[D_{c,s}]$	混凝土和钢筋单元本构矩阵,无量纲
f_{ck}	混凝土棱柱体抗压强度标准值,N/mm^2
f_{cu}	混凝土立方体抗压强度,N/mm^2
n	轴压比,无量纲
f_t	混凝土抗拉强度, N/mm^2
σ_0	峰值压应力,N/mm^2
$\sigma_{1,2,3}$	主应力,N/mm^2
ε_0	应变,无量纲
F_c,F_y,F_u	开裂、屈服、极限荷载,kN
Δ	开裂、屈服、极限位移,mm
U	侧向位移,mm
θ	顶点的位移角,无量纲
λ	计算截面的剪跨比,无量纲
μ	位移延性系数,无量纲
β	刚度衰减系数,无量纲
K_c,K_y,K_u	开裂、屈服、极限割线刚度,N/mm
γ_i	第 i 阶模态的参与系数
f	频率,Hz;
T	结构自振周期,s
α	水平地震影响系数,无量纲
β	地震波动力系数,无量纲
k	地震系数,无量纲
ξ	阻尼比,无量纲

目　录

第1章 概 述

1.1 国内外研究现状

1.1.1 墙体材料革新的必要性

外墙作为建筑耗能的最主要部位，在整个建筑中所占比重最大，因此其节能技术成为各个国家建筑结构节能研究的重点。针对传统外墙材料——实心粘土砖存在生产能耗高、粘土耗量大、热工性能差和不适应工业化建筑体系生产等缺点，从19世纪中叶以来，各个国家纷纷致力于研制与开发各种新型墙体材料。

建筑节能与墙材革新是密不可分的。首先，建筑节能本身就包括生产建筑材料的节能，要推进墙体材料革新，就必须推广节能建筑，否则新型建筑材料就没有市场空间，墙体材料革新也就失去了持久的动力；其次，要提高建筑物的保温隔热性能，就必须采用性能优良的新型墙体材料改善围护结构的热工性能，必须进行墙体材料革新，否则节能建筑就会变成"无源之水"；最后，使用新型墙体材料建设节能建筑，可大大提高施工速度，并可降低建筑物基础承载负荷，降低基础造价，促进建筑业现代化。

建筑节能必须以发展新型墙体材料为前提，墙体材料革新必须与建筑节能结合起来才能得以实施。墙体材料革新与节能建筑推广之间包含了某种交叉催化关系、循环因果关系。新型墙体材料的发展需要节能建筑的推广来带动，而节能建筑的推广又需要新型墙体材料给予支撑。因而必须对其两者加以全面筹划、系统整合、整体推进。

粘土砖作为人类社会使用了数千年的传统建筑材料，从历史角度看是有其存在的特点。因为制作简单、砌筑方便、耐久性好等优点，所以在相当长的历史时期内在世界各国得到使用。但是随着社会的发展进步，实心粘土砖本身存在的生产能耗高、粘土耗量大和热工性能差等缺点也表现出来，并不能适应工业化建筑体系。粘土砖作为传统墙体材料的缺点主要表现在：

(1) 墙体材料生产对土地资源的影响

随着我国的城乡建设迅速发展,对建筑材料的需求量大增,我国房屋建筑材料中70%是墙体材料,其中粘土砖占据主导地位。这促使乡镇粘土砖厂得到空前的发展,成为我国砖瓦企业的主力军。实心粘土砖的产量从1952年的149亿块增加到20世纪末的7 000亿块,相当于1952年的46倍。近年来产量虽有所下降,但年产量仍维持在5 500亿块左右。据统计,大约每烧制120万块粘土实心砖,毁田近0.5~1亩。生产如此多粘土砖,每年用土量约10亿立方米,如果按采土深度2 m计算的话,需耗用土地50万亩[1]。虽然这50万亩的土地不一定都是适宜耕作的良田,但生产粘土砖确实将占用和破坏相当一部分的耕地。此外,实心粘土砖坯做好后,还需要占用大面积场地晾晒,根据国家建材局统计资料,全国砖瓦企业占地达480万亩,其中相当一部分为耕地。

土地是十分宝贵的资源和资产,我国人均耕地数量少,总体质量水平低,后备资源也不富裕。我国耕地面积仅占国土面积10%,世界人均可耕土地面积为4.5亩,而我国还不到1.2亩,不到世界平均水平的一半。我国现有2800多个县市中,30%的县市人均耕地面积低于0.8亩警戒线以下。保护耕地就是保护居民的生命线。粘土砖生产将造成耕地面积减少,加剧我国人多地少的紧张关系[2]。前国务院总理朱镕基曾指出:"我国以占世界7%的土地养育占世界22%的人口,土地资源十分宝贵,因此,大力发展新型墙体材料,用来代替耗能高和毁田占地严重的实心粘土砖,确实是一件功在当代、利在千秋的大业。"

(2) 墙体材料生产对能源的影响

建材工业的能耗占全国工业能耗约13%,其中墙体材料行业的能耗占建材工业能耗总量的35%左右,而粘土砖企业是墙体材料的主要耗能大户。我国粘土砖生产所用的燃料以煤为主。我国粘土砖企业的烧成能耗是发达国家的2倍左右,但由于国内大多数企业采用自然干燥,露天晾晒,干燥过程无须能耗和电耗,使得粘土砖生产的总能耗降低,单位产品的能耗低于发达国家的水平。但由于我国粘土砖的产量太大,能源消耗的绝对数量十分惊人,如果目前产量按5 500亿块计算的话,全国烧砖所用的煤耗5 000万吨以上,占全国煤炭产量的3%左右。

(3) 墙体材料生产对环境的影响

粘土砖是古老的传统墙体材料,是我国城乡建设所需的最基本材料之一。由于投资少、技术含量低、原料易得,许多乡镇企业投资建砖厂。生产粘土砖燃煤造成的二氧化硫、二氧化碳排量和粉尘污染本身就很大,而乡镇砖厂采用简易的工艺和设备,生产技术和环保设施落后,造成的污染非常严重。由于不重视土地资源的合理规划和管理,还造成了土地的破坏,耕地变成了废坑荒地。而这些废坑荒地因上面的粘质土层被挖走,沙质土层裸露在外,易被风刮起形成浮土和沙尘,造成环境的破坏。落后的建材工业是资源、能源消耗大户,也是环境的重要污染源。采用先进技术则可使建材工业消化吸收各种工业废弃物,不断改善和提高环境质量。

(4) 墙体材料对建筑节能的影响

建筑物的围护结构包括墙体、屋面、门窗、地面等,其中以墙体围护结构所占的比重为最大。因此,墙体材料保温隔热性能的好坏是影响建筑节能的关键所在,外围护墙体的建筑节能主要体现在使用保温隔热性能好的墙体材料或采用复合绝热墙体。而软挤成型工艺制作的粘土砖,其强度要达到建筑物使用要求,必须经过烧制。每烧制1万块实心粘土砖需耗煤0.9～1.25 t。另外,实心粘土砖导热系数为0.66 W/(m·k),建成的墙体其保温、隔热性能均较差,必然需要耗能取暖或降温。据不完全统计,每年这两项消耗能源折合标准煤约1.2亿吨。随着我国人口的增加和经济的发展,资源相对不足的矛盾已日益突出,而上述两项合计耗能占到我国全年能耗总量15%以上。如果实心粘土砖产量继续增长,不仅增加墙体材料的生产能耗,而且导致新建建筑的采暖和空调能耗大幅度增加,严重加剧能源供需矛盾。

1.1.2　新型墙体材料研究概况

在墙体材料的革新方面,国内外研究均取得了一定的进展,目前发达国家已基本不使用粘土砖,而使用新型的建筑材料。发达国家墙体改革在20世纪已形成两大主导方向:其一为各种改良砌块,其二为各种类型墙板及复合墙体。我国数十年来的墙体改革也主要是沿这两个方向发展。

1. 改良砌块及砌体建筑研究

我国墙改工作以来,砌块在国内的新型墙体材料中占主导地位。改良砌块包括改良砖和各种砌块,使用这些建材的初衷是为了节省土地资源,同时合理利用各种工业废渣。主要的砌块材料性能特点简述如下:

(1) 烧结多孔砖、空心砖

烧结多孔砖与烧结空心砖是烧结空心制品的主要品种,又是烧结粘土普通砖的换代产品,属于新型墙体材料。这两种制品块体较大,密度比普通砖减小15%～40%,绝热性能提高,节土15%～35%,节煤10%～20%,施工工效提高20%～50%,节约砂浆15%～60%,可使建筑物减轻自重,改善墙体保温性能,提高使用面积系数[3]。

(2) 硅酸盐砖

硅酸盐砖是非粘土、非烧结的砖类制品。它一般是以硅质材料(如粉砂、粉煤灰)和钙质材料(如石灰、石膏)为主要原料,经坯料制备、压制成型、湿热养护等工艺过程而制成的实心砖或多孔砖。生产这类砌体不必挖田取土,不经高温烧结,省燃料,可大量利用工业灰渣,减少对环境的污染,生产还不受季节影响。硅酸盐砖是很有发展前景的新型墙体材料[4],包括蒸压灰砂砖(LSB)和粉煤灰砖(FAB)。

(3) 蒸压加气混凝土砌块(ACB)

蒸压加气混凝土砌块是由硅质材料(如砂子、粉煤灰、矿渣)和钙质材料(如水泥、石灰)为主要原料,在配料中加入铝粉作加气剂,经加水搅拌、浇筑成型、发气膨胀、预养切割,再经高压蒸汽养护而成的多孔硅酸盐砌块。蒸压加气混凝土砌块重量轻,抗震性能好,减小建筑物基础、结构的尺寸与配筋,降低工程造价,增加建筑物使用面积;导热系数低,隔热、保温性能好,可提高隔热保温效果,降低能耗;强度稳定,抗冻融,耐久性好,耐热、耐火性能优良;适用于多层及高层建筑的分户墙、分隔墙和框架结构的填充墙及三层以下的房屋承重墙[5]。

(4) 普通混凝土小型空心砌块(NHB)

普通混凝土小型空心砌块是由水泥、砂和最大粒径为 10 mm 的石子或石屑配制的塑性混凝土,在金属模箱内振动成型,脱模养护而成的墙用承重空心块材。目前,我国混凝土小型空心砌块年产量已达 3 000 万立方米,在城市及乡镇,砌块建筑已达 2 亿立方米。混凝土小型空心砌块多用于中高层承重砌块墙体。混凝土小型砌块吸水率小,其干缩值为 2～3 mm/m,应注意在墙体的敏感区采取抗裂措施。

(5) 轻集料混凝土小型空心砌块(LHB)

用轻集料混凝土制作的小型空心块材就是轻集料混凝土小型空心砌块。轻集料混凝土小型空心砌块是混凝土小型砌块的一个分支种类。美国、意大利、丹麦、瑞典、英国、德国、法国等国家大量生产、应用轻集料混凝土小型空心砌块。我国轻集料混凝土小型空心砌块于 20 世纪 60 年代开始生产和应用,其热工性能较好,同时可以减弱建筑物所受的地震力。轻集料混凝土小型空心砌块既可用于砌筑非承重的隔墙和围护墙,又可砌筑多层建筑的承重墙体。

(6) 泡沫混凝土砌块

泡沫混凝土砌块属于轻质混凝土制造的砌块。它是以 32.5 强度等级普通硅酸盐水泥、河砂、发泡剂和水等原材料,经机械搅拌方式将气泡引入砂浆中制成的。泡沫混凝土砌块的性能与发泡剂的特性关系很大。普遍绝热性能好,砌块平整,块体较大,适于工业和民用框架结构建筑的非承重墙和承重墙,也可用作屋面保温层[6]。

(7) 陶粒混凝土砌块(陶粒砖)

陶粒混凝土砌块(陶粒砖)是以轻质粘土陶粒、水泥为主要原料制成的轻质砌块,有空心与实心两种,适用于框架结构填充墙,也可用作旧建筑物隔墙。主要特点是:重量轻,抗震性能好,能够减小建筑物基础、结构的尺寸与配筋,降低结构工程造价,增加建筑物使用面积,综合效益好;导热系数低,保温隔热性能好,降低能耗;强度稳定,耐久性好,耐热、耐火性能优良;使用方便,规格整齐,安装工效高,减少施工工期[7]。

由于生产和使用砌块的时间不长,砌块仍属于新型建筑材料。随着墙改工作的不断发展,出现了大批各式各样的砌块,但是真正能做到符合节能新标准的为数不多。普遍存在材料的研究、设计、生产、应用相脱节的问题。

砌块建筑在国外的发展较为广泛,应用技术也较成熟。鉴于无筋砌体结构遭到严重损害，美国在1933年加利福尼亚州长滩大地震之后，推出了配筋砌块砌体剪力墙结构，建造了大量的配筋砌块砌体结构房屋[8]。例如，1952年建成的26栋6～13层的美国退伍军人医院，1966年在圣地亚哥建成的8层海纳雷旅馆（相当于我国的9度区）和洛杉矶19层公寓，1971年在加利福尼亚州这个世界有名的重震区建造的13层的希尔顿饭店等。在过去的三十多年中，对砌体结构体系的抗剪能力进行了一系列重要实验[9-11]。1977年，M. J. N. Priestley通过对配筋砌块砌体悬臂墙试验证明了当墙体具有足够的水平钢筋时，墙体破坏模式为弯曲破坏，墙体具有稳定的滞回环和良好的延性[12]。但窗间墙以及轴压比很大的墙即使配置很多的水平钢筋，仍不能避免其发生剪切破坏。1985年，F. Seible, M. J. N. Priestley等在加利福尼亚州大学圣地亚哥分校进行了一个5层足尺配筋砌块砌体房屋的拟动力试验[13,14]。1986年，M. J. N. Priestley进行了1层和3层配筋砌块砌体剪力墙的抗震性能试验[15]，研究成果被当时的新西兰规范采纳。1989年，P. B. Shing等在科罗拉多大学进行了22片剪跨比为1.0的墙片试验，合理地分析了正应力、水平配筋率和垂直配筋率对配筋砌块砌体剪力墙承载力和变形性能的影响[16,17]。1996年，Miha Tonazev等通过对32片墙体试验系统进行了配筋砌块砌体剪力墙在不同加载方式下的抗震性能研究[18]。1999年，Y. H. Chai, L. L. Yaw进行了在低矮配筋砌块砌体剪力墙中部采用部分通缝墙与一般配筋砌块砌体剪力墙在循环荷载下的对比试验[19]。这些研究为混凝土空心砌块剪力墙的分析和研究提供了很多值得借鉴的资料。

在我国，对于配筋砌体的理论研究正处于探索阶段。四川建筑科学院对混凝土空心砌体结构作了一些研究，在1986年完成了“八度区混凝土空心小砌块建筑抗震性能试验”的课题[20]，共做了123件各类墙体的实验研究。20世纪90年代开始，湖南大学、哈尔滨建筑大学、沈阳建筑工程学院和同济大学等单位对配筋砌体结构进行了一系列的实验研究[21-24]，1999年和2001年，湖南大学的杨伟军、施楚贤[25]以及哈尔滨工业大学的田玉滨、唐岱新[26]分别进行了配筋砌块砌体开洞剪力墙的抗震性能研究。2001年，施楚贤、杨伟军根据湖南大学、同济大学、广西建筑科学研究院、哈尔滨工业大学和沈阳建筑工程学院34片无筋和配筋砌块砌体剪力墙的试验结果，提出了配筋砌块砌体在偏心抗压和偏心受拉时的斜截面受剪承载力的计算公式[27,28]。以上研究对砌体基本力学性能、墙体结构承载力及其影响因素等多方面取得了一些宝贵的实验数据，并提出了一些理论和设计的建议公式，为我国新规范的推出和配筋砌体在中高层建筑中的应用奠定了基础。但是总体而言，各种块材建筑其功能和造价没有明显优势；在抗震性能上，砌块建筑仍然没有解决整体性差的问题；另外，在墙体的可加工性上如门洞口处理、管道铺设、墙体装修改造等方面存在劣势。

2. 复合墙体

墙板及复合墙体方面的发展较为迅速。墙板分为单一材料墙板和复合墙板两种,单一材料墙板包括蒸压加气混凝土板、粘土条板、木屑板、纤维板和石膏板等;复合墙板由多种材料组成,在国外用于承重的复合墙板主要用混凝土和保温材料来复合,混凝土多采用轻质高强的轻骨料混凝土,保温材料通常采用聚苯乙烯等。较成熟的承重复合墙板有泡沫塑料混凝土复合墙板、陶粒混凝土复合墙板、钢丝网架聚苯乙烯夹芯板、玻璃纤维增强水泥轻质多孔隔墙条板(简称 GRC 板)金属面夹芯板等。在国外复合墙板的生产已经基本实现工业化,在我国复合墙板的研究也已取得了相当大的进展,但是其加工制作的工业化程度较低,应用也正处于起步阶段。从某种意义上来说,复合墙体不是一种材料,而是应用技术。这一应用技术由于 20 世纪 80 年代以来西方国家对建筑物自重、保温及隔音性能的要求日趋严格而发展较快。复合墙体的类型多种多样,对于应用于大型和高层建筑的复合墙体,当为双层墙体结构时,中间一般填充保温材料,如膨胀聚苯乙烯、泡沫聚氨酯、膨胀珍珠岩等。在复合墙体中,由于保温材料所处的相对位置不同,又有外保温复合墙体、内保温复合墙体及夹芯保温墙体之分。由于与传统墙体材料相比,复合墙体在建筑物自重、保温隔热性能及施工性能方面均具有明显的优越性,因此市场需求量大,发展十分迅速。

1.1.3 新型建筑节能体系

墙材革新和建筑节能的科技开发重点和方向在不断发生变化。国内外建筑结构的发展趋势是减轻建筑物自重、提高防震能力、增强保温效果、简化施工方法。目前,国内外较为成熟的保温结构体系有:

(1) RASTRA(纳士塔)结构体系

该体系为节能承重型带孔芯混凝土聚苯板体系。它是由聚苯乙烯泡沫塑料颗粒、水泥、添加剂和水铸压而成的、双向带孔的板材构件。构件拼装后的双向孔内根据需要放置水平、竖向钢筋并灌注混凝土,形成纵横交叉的刚性骨架。结构试验表明,该体系可以在地震区建造 5 层住宅。在国内使用,现场吊装困难,建筑造价很高,不适合我国国情。

(2) 意大利耐泰安建筑体系[29]

该体系是用两个单层钢丝网架波形聚苯板在成型机上组装成现浇墙体模板,中间设有混凝土现浇层,利用网架钢丝做受力钢筋,聚苯模板面层抹灰采用喷射施工,一般建造 4 层以下建筑。如增加构造柱和圈梁,适当增加边缘配筋,可以满足 8 度设防区多层住宅需要。但由于采用了有机材料因此耐久性较差,而且墙体仍具有普通剪力墙刚度大、延性差的缺点。

(3) 德国索福建筑体系(Soform)

该体系用两块聚苯板对拼组成墙体模板，模板为一个楼层高，总厚度 200 mm，聚苯模板在模压成型时，在一侧板面做成纵横排列的凸块键，两块聚苯板靠凸块键卡连在一起，中间形成网格状的纵横孔。施工时先立标准网距的钢筋网片，后将两块聚苯板对合，凸块键卡连在钢筋网片网格中间。模板空腔灌注混凝土后构成承重墙体，模板不拆除作为保温层，外抹聚合物纤维砂浆或贴石膏板。

(4) ICF 体系

由美国 PolySteel 公司开发生产并由上海美加德建筑系统公司引入国内的隔热混凝土(ICF)体系是采用保温模板一体化的现浇混凝土承重墙结构体系。它由两侧的膨胀型聚苯乙烯泡沫材料作为模板，模板之间采用镀锌钢板条可靠连接，模板中间灌入混凝土，混凝土中根据需要插入钢筋。该结构体系灵活方便，结构配筋较容易根据国内规范进行调整。

(5) 美国瑞狄建筑体系(Reddi-Form)和加拿大 AAB 建筑体系

两种体系均采用高密度聚苯乙烯泡沫塑料制作墙体保温模板。瑞狄模板是由模压制成的水平空心模块组装而成，AAB 模板的模块是由两片聚苯板在中间用硬塑料键连接构成，中间设置空腔。这两种体系模块的上下模口设有连接模榫，在施工现场进行拼接，每铺一层模块配一道水平钢筋，墙体模板拼好后再插垂直钢筋，在孔内或空腔内灌注混凝土，形成承重骨架或剪力墙，一般建造 4 层以下建筑。聚苯模板外侧涂敷聚合物水泥纤维砂浆，内墙可粘贴石膏板。

(6) CL 建筑体系[30]

CL 建筑体系是由钢丝网夹芯(聚苯保温材料)混凝土墙作为外围承重墙及隔户墙，钢筋混凝土异型柱作为竖向承重的一种带边框的剪力墙体系。其特点是整个结构不使用一块粘土砖，节约耕地和能源、自重轻、抗震性能好、保温性好、扩大使用面积 7%～10%、墙体工厂化施工，现场安装无湿作业，可提高施工进度。

(7) 舒乐舍板体系[31,32]

舒乐舍板是一种从韩国引进专利技术生产的结构增强混凝土板。舒乐舍板是用 U2 冷拔低碳钢丝网片插丝斜向交叉 45°焊接而成的三维空间钢架结构，中间填充阻燃型聚苯乙烯泡沫板，在板的两侧各喷涂水泥砂浆面形成完整建筑墙体。其特点是自重轻、安装简便、运输方便、增加了使用面积、保护环境无污染。其缺点是运输或储存过程中变形板较多造成浪费，抹灰时墙体易产生裂缝、防火性能较差，施工完毕后不能剔凿，不能变更门窗洞口等。

(8) 帝枇(Dipy)模网体系[33,34]

该体系是由具有三维空间网架结构的 DP 建筑模网、内浇大量粉煤灰免振自密实混凝土构成的剪力墙结构或框架剪力墙结构。其特点是解决了模网空间网架与外保温层的一体化问题，解决了无常规模板情况下混凝土的现浇施工问题，模网有足够的强度和刚度，能承受一个楼层高度浇筑混凝土的冲击，且尺寸准确、不漏浆，浇筑后不必拆除模网，能起到钢筋骨架的作用，形成钢筋混凝土墙体，可制成各种形状的模网构件，它适用于工业与民用建筑的内外墙体、楼板、楼梯及屋盖等。

(9) 保温砌模现浇钢筋混凝土网格剪力墙体系[35]

该体系由北京亿力建材有限公司开发研制，由聚苯颗粒混凝土保温小空心砌筑模块砌成墙体模板。模板内部形成垂直孔和水平孔，孔内放置钢筋，浇筑混凝土，形成承重的网格式剪力墙。该承重墙与楼面设置的圈梁、墙体交接处及承重梁下设置的组合柱构成现浇承重体系。该体系进行了 21 片墙的力学性能试验，已建试点工程。研究报告表明，该结构体系可用于 8 度区的 9 层住宅。

(10) EM2(EMMEDUE)建筑系统

该体系是将大块的保温板置于两片钢丝网之间，在保温板上垂直插入钢丝，将两片钢丝网焊接成整体(三维钢丝网)，形成一个单板模块。在单板模块两侧喷射混凝土等材料，可用于制作非承重隔墙。两片单板模块(带三维钢丝网的保温板)间隔一定的距离，用垂直板面的钢丝刺透，焊接成一块双板模块。在双板模块中间浇筑混凝土，可用于制作承重墙体。两侧的板材既是模板，又起保温作用。

以上体系都经过了较长时间的理论及试验研究、技术开发及试点工程应用，成效各有千秋。这些新型结构体系都具有这样几个特点：一是将结构体系与保温隔热技术结合，既满足了结构受力的要求，又达到了保温隔热的效果。二是结构体系中的承重墙绝大部分采用现浇混凝土结构，如果设计合理，受力性能比过去传统住宅优越。三是这些新型结构体系大部分采用模板保温一体化的免拆模板体系，施工简便。这些体系的研制与应用均为本项目研究提供了良好的借鉴。

1.1.4 带缝剪力墙研究概况

剪力墙是一种抵抗侧向力的结构单元，其侧移刚度大、变形小、承载力高，在结构中往往承担水平力的大部分，成为一种有效的抗侧力体系。在地震区，设置剪力墙可以改善结构抗震性能，因此，剪力墙在抗震结构中也称为抗震墙。

钢筋混凝土剪力墙的设计要求是：在正常使用荷载及风载或小震作用下，结构应处于弹性工作阶段；在中震作用下(设防烈度)，允许进入弹塑性状态，但必须保证在非弹性变形的反复作用下，有足够的承载力、延性及良好吸收地震能量的能力；在强震作用(罕遇地震)下，为保证结构不倒塌，剪力墙结构应有足够的稳定。

国内外对剪力墙的研究比较多，为了解剪力墙的受力、变形性能提供了宝贵资料，也为工程实践中剪力墙的设计提供了依据。由于剪力墙的刚度大、承载力高，且以受剪为主，在发生强震时容易产生脆性破坏。为此，不少学者开始研究改善剪力墙抗震性能的措施。从 20 世纪 60 年代起,国内外许多研究者开始在整体剪力墙的基础上按照结构控制理论的思想相继提出了带缝剪力墙。带缝剪力墙的目的主要是改善延性,使破坏形式转变为弯曲型或者弯剪型。

(1) 开竖缝剪力墙

一般的钢筋混凝土普通剪力墙,刚度很大,强度较高,延性及弹塑性耗能能力较差,剪切破坏引起的斜裂缝在持续地震作用下,不断扩大,具有不可恢复性。武藤清教授在 1965 年对高层钢框架结构中的低矮墙提出了开竖缝方案[36]。在墙板中每隔一定距离设置一道竖缝,在这些缝处混凝土与钢筋均断开,剪力墙变成一组受弯剪作用的柱(墙板柱),破坏形态由延性较差的剪切型破坏转变成延性较好的弯曲型破坏。目前,这种型式的剪力墙已被实际用于日本霞关大厦、东京世界贸易中心、新宿三井大厦、京王广场饭店、池袋办公大楼等多幢高层建筑中,获得了较好的工程效益。但是结构抗震性能的优劣不能仅以延性作为唯一的标准,该种型式的剪力墙是以牺牲结构的初期承载能力和刚度来获得延性的,虽然可很好地增大延性,但是承载能力和初期刚度也有较大程度降低,承载力减小到原来的 65%,刚度减小到原来的 60%。而且由于剪力墙没有边框约束,在地震作用下,竖缝迅速开展到底部和顶部,影响了其抗震性能。其后许多研究者将这种带竖缝墙板概念引入钢筋混凝土结构,并对其抗震性能进行了许多研究。薄庭辉在剪力墙板的竖缝两侧设置水泥砂浆板条[37]。建筑研究院高小旺等通过 5 个带边框开竖缝钢筋混凝土低矮墙的试验,研究了其抗震性能[38]。与不带边框的钢筋混凝土墙相比,由于边框墙板有较强的约束,对结构变形能力的增强有重要作用。

(2) 缝槽剪力墙

针对通缝墙承载力和刚度较低的缺点,1989 年东南大学夏晓东在其博士论文中提出了一种改进的缝槽剪力墙[39-42],就是在墙上设置若干条竖向半通缝,中间的钢筋不截断,外留混凝土,只是缝槽处的混凝土厚度为墙体厚度的一半。试验结果表明:这种缝槽剪力墙兼有整体墙和通缝墙的优点,当外载不大时,以整体墙的形式工作,而当地震荷载较大时缝槽处混凝土首先开裂并错动,使墙体转变成由若干墙板柱组成的结构,从而降低了墙体的刚度,改善了延性,提高了抗震性能。据试验数据分析,这种缝槽墙的最大承载力约为整体墙的 90%以上,而当顶点侧移达到与最大承载力对应侧移的 2 倍时,仍然能够承担 85%的最大荷载。从试验情况来看,对带缝槽墙的边柱,不需附加特别措施,但缝槽上端的横梁截面在缝槽内混凝土剪切破坏后,会受到突然增大的剪力,易产生剪切破坏,所以横梁必须有足够的抗剪能力[43,44]。

对于带边框整截面低剪力墙的抗震性能分析,夏晓东在参考了马锦[45]和史建生[46]的研究成果后建议:带边框低剪力墙的受力—变形全过程分析可分解为墙板和边框两部分计算，然后按力叠加；墙板的分析采用软化桁架理论，边框则采用简化分析方法，但需考虑边框对墙板的约束作用。该论文对5榀低剪力墙进行了全过程分析，分析结果较为符合。论文中还编制了钢筋混凝土非线性有限元程序。但该研究没有研究缝槽的各项参数的变化对试件的影响，并且由于缝中被混凝土填满，试件的整体性很强，墙肢的剪切斜裂缝较多，在后期承载阶段缝槽并没有退出工作，难以发挥通缝墙良好的延性，部分试件甚至发生剪切破坏。

(3) 带水平短缝槽形成X形削弱的低剪力墙

1991年东南大学戴航在其博士论文中提出了带水平短缝槽形成X形削弱的低剪力墙[47,48]，即在墙板上沿对角方向开设多条首尾连接的阶梯状水平半通缝。通过设置水平阶梯缝可改变整体墙的脆性破坏。由试验分析可知：剪力墙的弹性刚度与整截面墙的刚度相差不大，从而能保证设计上对结构在正常荷载作用下的变形要求。与整体墙相比，由于水平缝起到引导裂缝走向的作用，因而该种墙在破坏时不会出现剪切斜裂缝迅速扩展的现象，可以经历较大的变形阶段才会破坏；在高应力下剪力墙中的塑性区域将分散在各水平半通缝周围，而不会集中在主斜裂缝的周围，可以充分发挥墙板的塑性耗能能力。合理地布置水平缝可以使这种墙的承载力为整体墙的90%左右而延性提高2倍多。在进行有限元分析时，混凝土双向受力为Darwin等提出的高效应力—应变关系[49]，混凝土反复加载为考虑裂面效应的反复加载应力—应变关系[50]。采用四节点等参单元、四线型[51]恢复力模型。验算了V Cervenka等进行的整截面剪力墙[52]，在反复荷载下当达最大承载力时计算与试验符合较好。

但这种水平阶梯缝剪力墙只是通过有目的地引导斜裂缝的走向，将本来主要集中在对角线上的剪切作用扩散到整体墙板的方法来提高墙体的延性，并没有改变试件的破坏形式和机理，其最后的破坏仍然是剪切型，所以后期延性较差。

(4) 带摩阻控制装置的带缝剪力墙

为了充分发挥钢材的塑性性能，1992年东南大学李爱群提出了一种采用摩阻式控制装置的带缝剪力墙[53,54]，在竖缝中用一种摩阻耗能的结构作为控制装置，这个摩阻器是以高强螺栓作为施加预应力的手段，通过两层钢夹板在地震作用下的往复错动来耗散地震能量。试验表明，这种形式的剪力墙抗震性能优良，耗能效果明显，并且不易损坏，易于修复。但设计时，需对结构中设摩阻控制装置处的部位采取必要的建筑构造措施，以满足建筑物的适用和美观要求。

(5) 竖缝处设混凝土连接键的双功能剪力墙

清华大学叶列平教授提出了一种新型双功能剪力墙[55-57]。其基本思路是通过在钢筋混凝土带缝剪力墙中设置混凝土连接键作为控制元件，使剪力墙在正常使用荷载下表现出一定的整体工作性能，具有较大的刚度和承载力；而在强震作用下，连接键作为第一道防线(次要结构)破坏退出工作，转变为带缝剪力墙，使剪力墙刚度降低，减小地震输入，同时也改变剪力墙的破坏形态，使其具有良好的延性。

研究表明:在相同刚度比的情况下,设置两个连接键比一个连接键更能提高双功能墙的初期刚度,与通缝墙相比,侧移刚度可提高 2.07～2.95 倍;最大承载力是同样尺寸、同样配筋的通缝墙最大承载力的 1.4～2.0 倍。连接键配筋率高时,承载力也相应提高。

(6) 双层带竖缝消能剪力墙

同济大学的吕西林和香港大学的 Y. K. Cheung、A. K. H. Kwan 合作提出了高层带竖缝消能剪力墙[58],即在墙体中开竖缝,在竖缝中设置消能装置,并根据工程应用的可能性提出了三种消能装置:开裂破坏消能型,界面消能型和粘弹性消能型。随后,吕西林教授进行了四组一层消能墙和普通剪力墙及两个四层耗能墙和普通剪力墙 1/4 比例[59,60]的低周反复荷载试验。试验结果表明:耗能墙与普通剪力墙的破坏机理明显不同,普通剪力墙发生了典型的弯曲破坏,破坏部位集中在墙体底部,破坏严重;而耗能墙竖缝处的耗能装置率先屈服、破坏、延缓和减轻了墙体的破坏,最后随着两墙肢独立性的增强发生了弯曲破坏,破坏部位分散,墙肢底部的破坏比较轻微。与普通剪力墙相比,耗能墙的抗侧刚度与极限承载力下降不多,而延性和耗能能力增强很多。这种消能剪力墙已应用于实际工程。随后,利用多垂直杆元模型建立了耗能剪力墙的力学计算模型[61],建立了计算耗能剪力墙荷载一位移骨架曲线和滞回曲线的计算方法,编制了相应的计算程序。尽管,这种粘弹性材料墙可以通过材料的特性来摩擦耗能,但是对提高初期刚度和承载力的效果不是很显著。

(7) 带缝槽连梁双肢剪力墙

为了改善连梁的延性和防止脆性破坏,清华大学研究人员提出在连梁中设置通缝,试验表明这种连梁具有相当好的延性,但刚度和强度降低很多。西安冶金建筑学院对这种连梁进行了进一步的试验,在被通缝分开的两个梁端部加设 X 形钢筋以加强塑性区的抗剪而防止剪压区沿法向裂缝发生剪切—滑移破坏,但强度和刚度的大幅度降低仍然是个问题。为此,1987 年曹征良提出了新的带缝槽延性连梁[62],并对其进行了一系列试验。试验表明,用带缝槽连梁连接的双肢剪力墙的性能优于用带全通缝连梁连接的双肢剪力墙,特别是比使用整截面连梁连接的剪力墙好。这种新的带缝槽连梁已应用于北京一幢高 104.75 m 的高层建筑。

(8) 带暗支撑剪力墙

北京工业大学曹万林、董宏英[63-65]等近年来致力于带暗支撑剪力墙体系和内藏桁架混凝土组合剪力墙的研究。带暗支撑剪力墙即在普通剪力墙配筋的基础上,加配斜支撑纵筋和箍筋,使其与混凝土形成作用持久的斜向钢筋混凝土核心束。研究对不同高宽比、不同暗支撑倾角、不同暗支撑形式(取决于暗支撑倾角)和配筋比的带暗支撑剪力墙模型进行了低周反复荷载下的抗震性能试验研究,与普通剪力墙结构模型做了振动台对比试验研究,结果表明暗支撑在剪力墙中有销拴作用,限制斜裂缝开展,裂缝细而分布广,从而提高了剪力墙的耗能能力。该种剪力墙已在北京市中国工运学院留学生公寓楼、河北沧州市新华地税办税服务楼和大连国贸中心大厦中应用。在以往研究基础上，曹万林等又提出了一种内藏桁架混凝土组合高剪力墙，即将桁架与剪力墙两种受力体系组合，将型钢与混凝土两种材料组合。以上一系列试验研究表明了其优良的耗能能力。

上述各种开缝墙或缝中有耗能控制装置的剪力墙，无论是竖向缝还是横向缝，基本都是试图通过缝中的填充元件来改善结构的抗震性能，或者使之具有较高的初期承载力和刚度，或者使之在强震之下表现出良好的塑性变形性能。这些思路均是结构控制这一理论和思路的具体体现和运用。

1.2 玻化微珠永久性保温墙模复合剪力墙体系

1.2.1 体系的提出

在充分考虑建筑节能和墙体材料革新发展要求后，经过分析和学习各国的模板保温一体化做法，结合目前混凝土配筋砌块和钢筋混凝土剪力墙的研究工作，总结以往的工作成果，吸收国内外研究成果中适用部分，作了进一步的研究。在满足我国相关规范、规程和山西省及类似地区抗震设防要求的前提下，研究开发了一种新型保温承重结构体系——玻化微珠永久性保温墙模复合剪力墙结构体系[66,67]。

体系的具体构成如下：采用玻化微珠保温砌块为墙模，墙模分外墙墙模、内墙墙模，外墙保温墙模具有优良的保温隔热性能和一定的力学性能，内墙墙模具有良好的隔声性能。将墙模对孔错缝砌筑，构成现浇墙体的模板，在模内形成空腔。砌筑保温墙模时，在每层墙模水平槽内配置水平钢筋网片，砌到一层高度，在竖向腔孔内从上部插入竖向钢筋网片，通过底层墙模预留的清扫口将竖向网片和结构预埋的钢筋绑扎在一起，竖向钢筋网片上端与圈梁钢筋固定。沿墙模上部空腔灌注自密实混凝土，墙体浇筑后不拆模，墙模与混凝土形成复合剪力墙。沿内外墙上部设置封闭式圈梁，楼板和屋盖采用现浇或装配整体式结构，构成墙体保温与结构一体化的完整体系。

体系永久性墙模如图 1-1 所示，体系试验楼如图 1-2 所示。

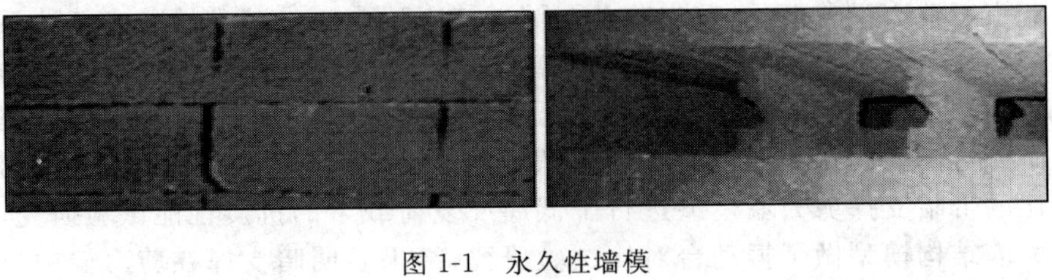

图 1-1　永久性墙模

图 1-2 试验楼施工过程

可以看出,该体系是永久性墙模与薄壁剪力墙的结合,由玻化微珠永久性墙模与内部矩形截面孔洞中灌注的钢筋混凝土组成复合剪力墙结构,作为体系的承重和抗侧力结构。该体系适用于多层或中高层住宅建筑或纵横墙较多的公共建筑,可以用于抗震和非抗震地区,并可满足不同气候区的保温、隔热需要,是保温、隔热、隔声、防火和结构一体化的新型建筑体系。符合我国节约土地、节约能源、节约用水和节约材料的"四节"可持续发展需要。

1.2.2 体系的技术经济特点

玻化微珠永久性墙模复合剪力墙体系是总结国外的模板保温、永久性模板现浇承重墙和混凝土小型空心砌块承重墙等体系的成功经验,取其科学合理的核心,与我国现行建筑结构做法相结合而形成的创新体系,其综合性能优于国外同类体系,并有多点发明和创新。其技术经济特点可以概括为以下几个方面:

1. 复合剪力墙体系以节能、节地、节材和环保为主要特征

(1) 节能

复合剪力墙体系外墙为内外全保温形式,玻化微珠永久性保温墙模保温隔热性能良好,设计及内外装修时,墙体传热系数达到 0.498 $W/(m^2 \cdot K)$,保温性能显著高于寒冷地区 50%节能标准——JGJ 26—95《居住建筑节能设计标准(采暖居住部分)》要求,达到了北京市节能 65%的标准——DBJ 11-602—2006《居住建筑节能标准》要求。保证室内能源的合理利用,削弱乃至消除热桥、冷桥效应,为节能建筑提供了一种可行的结构模式,有利于缓解能源供给的紧缺局面。

(2) 节地

该体系不消耗粘土资源,为新型墙体材料。既可利用废渣,实现资源综合利用,促进建材行业结构调整,又可节省大量土地和能源,有利于保护耕地资源,保护环境,符合科学发展观的要求,促进先进生产力的发展。

(3) 节材

该体系新型墙体材料中的无机保温骨料强度,可以降低水泥用量;保温骨料可利用矿山废弃的尾砂作原料,不仅能缓解现有矿砂加工的废料污染问题,而且变废为宝,提高了产品档次,大大提高了矿产资源的综合利用价值,同时也为国家提供了优质环保节能材料,并带动市场生产轻质、高强、节能、环保的新型墙材产品;墙材还可利用工业废渣粉煤灰,实现资源综合利用。

(4) 环保

新型复合墙材为全天然、全无机节能保温材料,在使用过程中物理性能稳定,无毒无害,即使是在高温环境下也不会排放出有害气体,不会出现老化及耐候性差的问题,不会对城市空气造成污染。同时材料生产工艺简单,对生产条件要求不高,基本没有化学反应发生,采用专利生产技术,没有“废渣”、“废液”、“废气”的排放。

2. 复合剪力墙体系可提高住宅性能

(1) 可靠性

可靠性是结构的首要特性,地震是各类建筑物破坏倒塌的最重要原因。本体系中,复合剪力墙是新体系的核心技术,具有突出的性能特点。由于保温墙模独特的设计,墙模中的竖向隔板(肋)相对于内部浇筑的混凝土强度较低,对混凝土形成的剪力墙而言相当于开缝,因此在墙模内浇筑混凝土后就形成规则的带缝剪力墙结构。带缝剪力墙结构中的规则竖缝破坏了剪力墙的整体性,墙片破坏形态不同于普通实心剪力墙,力学性能有质的改变[68-71]。带缝剪力墙结构较普通剪力墙结构有自重减轻、刚度减小、周期增大等特点,其受地震影响力较小,抗震性能良好。同时,由于墙体刚度可调,有较好的弹塑性耗能能力,可以限定地震破坏形式,减轻地震破坏作用。与国外同类体系相比,国外免拆模现浇墙多为实体墙,建造高度以多层和低层为主。本体系在 8 度设防区可用于 9 层建筑,承载能力满足规范要求[72]。

另外,本体系保温结构的整体性强。现在工程中用聚苯乙烯泡沫塑料(EPS)处理墙体保温比较多,易出现空腔、整体性差、负风压对保温层造成破坏等系列问题。而该体系的墙体是将混凝土浇筑在玻化微珠永久性墙模中形成的,混凝土强度达到后墙模与混凝土形成复合剪力墙,不需拆除,共同承担上部结构荷载,彻底解决负风压对保温层的破坏。

(2) 舒适度

墙模材料保温、隔热性能良好,显著地改善了室内环境的热舒适性,实现冬暖夏凉。由于玻化微珠永久性墙模的特殊构造,当室内空气温度上升或下降时,墙体内侧玻化微珠保温墙模能吸收或释放较多热量,有利于保持室温的稳定,使室内热环境得到改善。并且,新型墙模材料具有特殊的湿度调节功能,可使房屋透气、不潮湿、不结露。另外,节能保温墙体隔音效果好,减少了外界噪音对室内的冲击,给居住者提供了安静隐私的生活和休息空间。

(3) 耐久性

保温墙模材料的选用,利用了我国丰富的火山岩矿产资源,借鉴国外先进的经验和技术,使用了无机轻质保温绝热材料玻化微珠[73],保温墙模材料为新型绿色建材,耐老化,保温层与结构同寿命,彻底打破了有机物外墙保温材料平均使用寿命25年的界限。

(4) 安全性

保温材料为无机材料,燃烧性能属A级,在1 000℃高温中不燃烧,不蔓延。可广泛用于密集型住宅、公共建筑、大型公共场所、易燃易爆场所、对防火要求严格场所。还可作为防火隔离带,提高建筑防火等级。

(5) 增加建筑使用面积

同传统砌块墙或其他墙体相比,该体系的复合承重墙尺寸减至240 mm(内部混凝土120 mm),可使建筑物房屋有效面积利用率提高6%～8%。比较值如表1-1所示。

表1-1 不同墙体增加房屋有效使用面积对比

外墙类型	墙体厚度	使用面积占有率	使用面积增加
传统实心烧结粘土砖	490 mm	75%	0%
内夹苯板墙体	420 mm	76%	1%
玻化微珠永久性墙模复合剪力墙	240 mm	83%	8%

3. 复合剪力墙体系具有良好的经济性

第一,本复合剪力墙体系墙模与内部混凝土具有良好的复合作用,在满足承载力要求的情况下,内外墙(含组合柱和圈梁)平均厚度仅为120 mm,突破剪力墙最小厚度限定,比同等功能的砌块墙、现浇承重墙厚度减小,结构自重降低较多。

第二,结构科学合理,充分发挥材料作用,可以降低配筋率。

第三,模板保温一体化,完成结构施工中墙体保温施工,解决了外墙保温和模板施工中的复杂问题。施工中,墙模只区分内外墙模,砌筑高度较高,墙体整体稳定性好,不需支撑,可直接分段连续灌注免振自密实混凝土。并且墙模保温保水,利于墙体现浇冬期施工,模内养护有利于保证混凝土质量。墙体施工改变了以往剪力墙施工方式,简化了施工工艺,提高了速度,降低了成本。

第四,保温层与结构同寿命,延长了建筑物的寿命,同时也降低了维修费用。

以上方面使得复合剪力墙结构在功能和造价上可真正取代粘土砖。尤其应该指出的是，如果从全寿命周期角度计算建筑成本，那么“初始投资最低的建筑并不是成本最低的建筑”。为了提高建筑性能必然要增加初始投资，如果采用全寿命周期模式核算，将在有限的增加初期成本的条件下，大大节约长期运行费，进而使全寿命周期总成本下降，并取得明显的环境效益。

更重要的是，该体系具有节能、增效、减排的社会效益，可以节约采暖和空调制冷能耗，并提高住宅品质，另外可以减少二氧化碳排放量，有利于抑制全球变暖，保护生态环境。

第 2 章　节能环保型墙模材料的研制

玻化微珠永久性保温模板是为整个复合剪力墙结构体系服务的，其功能要求有二：其一是在混凝土墙浇筑时作为混凝土墙模，具有支撑成型的功能；其二是在使用过程中成为墙体内外保温层，起到保温隔热作用。要满足以上功能要求，墙模材料的研制是首先要解决的关键问题。

本章将考虑墙模的功能要求，研制节能环保型无机保温材料。无机保温材料与有机保温材料相比，从资源有效利用、生态环境的保护、保温节能功效以及安全可靠性等方面都具有实际应用价值。本章介绍保温性能好、相关技术性能优良、施工方便、成本低、便于推广的节能环保型无机保温材料的研制，为后续研究奠定基础。

2.1　原材料的选用及主要技术指标

保温墙模研制时，基于功能要求进行原材料的选用。保温墙模材料走的是“复合之路”，可以综合各种组成材料的性能优势。但同时每一种原材料都将不同程度地影响保温材料的性能，因此原材料的选用必须要进行慎重全面的分析。

根据各组成材料在复合保温隔热材料中所起的作用及作用的主次关系，分为以下几部分。其质量基本要求及作用如表 2-1 所示。

表 2-1　各组成部分的质量要求及作用

保温墙模主要组成部分	预期发挥的主要作用	质量基本要求
保温组分（保温骨料）	降低材料的导热系数，确保材料的保温性能	质轻、导热系数小、级配良好，其他性能合格
胶凝组分（无机胶凝材料）	确保材料的整体性和强度	无机材料的强度及其他性能合格
纤维组分（增强纤维）	抗裂、增强、增韧、保温	强度高、易分散、亲和性好、导热系数小，其他性能合格
改性组分（外加剂）	改善施工和易性、改善粘结、抗拉强度、改善耐候性	对材料强度的改善效果显著，其他性能合格

根据几种组分所起作用的主次关系，优化选择原材料，以合适的比例复合在一起才能使复合材料具备最佳的综合性能。

2.1.1 无机保温骨料——玻化微珠

在研究中，保温骨料的选用是难点和关键问题。目前，在保温绝热制品中常用的保温骨料有无机骨料和有机骨料两大类。考虑有机保温材料具有防火性能差、强度低、高温易产生有害气体、抗老化耐候性差等缺陷，将使用无机保温材料作为保温墙模材料的保温骨料。

无机骨料以玻化微珠、膨胀珍珠岩、膨胀蛭石和陶砂为代表。它们都具有表观密度小、导热系数小、防火、防腐、化学性能稳定、无毒无味等特点，是良好的保温、隔热、吸音、耐腐蚀的建筑材料。几种无机骨料的化学性能稳定性、耐腐蚀性等基本相同。但膨胀珍珠岩与玻化微珠导热系数较小，粒径适中、颗粒接近球形，适合作为保温墙模的骨料。但是膨胀珍珠岩吸水性较大，易粉化，在施工中体积收缩率大，易造成产品后期强度低和空鼓开裂，降低保温性能。

玻化微珠是一种非金属轻质绝热保温颗粒材料。是山西丰富的火山岩矿石（松脂岩、黑耀岩、珍珠岩）中的松脂岩经开采后破碎、筛分、高温瞬时燃烧膨胀玻化而成。该材料呈不规则球状颗粒，内部为空腔结构，表面玻化封闭；具有质轻、隔热防火、耐高低温、抗老化、吸水率小、理化性能稳定等优良特性；可替代粉煤灰漂珠、玻璃漂珠、普通珍珠岩、聚苯颗粒等诸多传统轻质骨料在不同制品中的应用，是一种绿色环保型高性能无机轻质保温绝热材料。

保温墙模中采用的玻化微珠在显微镜下的形状如图 2-1 所示，其物理性能如表 2-2 所示。

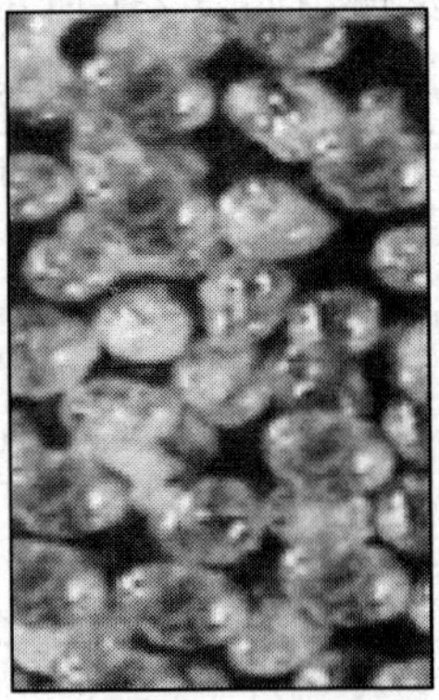

图 2-1 玻化微珠在显微镜下的形状

表 2-2　玻化微珠物理性能[73]

项　目	性　能
粒度/mm	0.5～1.5
容重/($kg \cdot m^{-3}$)	80～130
导热系数/($W \cdot m^{-1} \cdot K^{-1}$)	0.032～0.045
漂浮率/(%)	≥98
表面玻化率/(%)	≥95
吸水率(真空抽滤法测定)/(%)	20～50
1 Mpa 压力的体积损失率/(%)	38～46
耐火度/(℃)	1 280～1 360
使用温度/(℃)	1 000 以下

2.1.2　胶凝组分

胶凝组分必须具有良好的耐久性及与混凝土结构表面的亲和性、粘结性，并且具有性能稳定、价格低廉等优点。水泥是典型的水硬性胶凝材料，其在建筑领域中的应用已有 100 多年的历史，基本具备对胶凝材料的要求，因此水泥可以作为胶凝组分。根据不同水泥的特点，考虑在生产推广轻骨料混凝土永久性保温墙模复合剪力墙结构体系的过程中，面临冬季生产和施工，将选用普通硅酸盐水泥，强度等级 42.5，符合 GB175—1999《硅酸盐水泥、普通硅酸盐水泥》的要求。

保温墙模所采用的另一种胶凝材料是粉煤灰，粉煤灰是电厂燃煤产生的废料，是一种细度较大的粉状物，具有较高的火山灰活性。它的主要成分是 S_iO_2 和 Al_2O_3，含量分别达 40%～50%和 20%～35%。这两种材料都是活性较高的玻璃态物质，可吸收水泥水化过程中所产生的大量 $Ca(OH)_2$，形成水化硅酸钙。水化硅酸钙是一种凝胶状物，具有很高的稳定性，可以填塞水泥砂浆中的孔隙和渗透通道，不仅有利于增加板材的密实性、降低吸水率，还可提高板材的抗冻性和耐腐蚀[74,75]。掺入一定量的粉煤灰，不仅可提高板材的强度，还可以充分利用工业废料，对环境保护和降低成本都有利，但粉煤灰用量过高，往往导致用水量提高，从而降低板材的强度，故使用粉煤灰同时也应选用高效减水剂以降低水胶比。

2.1.3　增强纤维

水泥基建材料的一个突出特点是，抗压强度高，而抗弯强度及抗拉强度低。采用纤维材料对水泥基材料进行性能改善是一种有效的方法。近年来随着墙体材料改革和现代建筑的发展，各类纤维更为广泛地被作为加强筋用于建筑材料中[76]。纤维在所研究的保温隔热材料中，预期发挥的作用主要包括两个方面：保温隔热和加强弹性。

保温墙模材料的研究中选用了两类纤维：硅酸铝纤维和抗裂纤维。硅酸铝纤维，由于耐高温、物理化学性能稳定、导热率低、热容量小、热稳定性好，是被公认为性能优良的轻质高效保温绝热材料。但是，作为纤维材料，硅酸铝纤维的力学性能并不理想，为了达到足够的纤维增强效果，确保材料的力学性能和整体性优良，将选用抗裂纤维。抗裂纤维是以聚丙烯、聚酯为主要原料复合成的新型混凝土和砂浆的抗裂纤维，被称为混凝土的“次要增强筋”。

通过对所选用的无机纤维和有机纤维的复合使用，可以实现纤维的优势互补，在硬化的保温材料中构造出三维纤维网架结构，确保材料具备优异的保温隔热性、整体性和力学性能。

保温墙模材料中掺入抗裂纤维，主要可以起到以下作用：

(1) 减少和消除裂缝

国内外有关的研究试验表明，在 1 m^3 砂浆中掺入 1.2 kg 以上的抗裂砂浆后，裂缝的消除率几乎可以达到 100%。当抗裂纤维体积不小于 0.1%时，与可再分散性胶粉成膜的共同作用，可有效阻止水泥砂浆收缩开裂现象的出现。

(2) 提高抗渗性

对体积含量分别为 0.05%、0.1%、0.3%的抗裂纤维混凝土和素混凝土的抗渗性能在 1.3 MPa 水压下的对比试验表明，掺入 0.05%、0.1%的纤维混凝土的抗渗能力分别比素混凝土提高了 40%和 48%，而掺入 0.3%的提高量为 8%。这些试验表明混凝土中掺入适量的抗裂纤维，可增加混凝土的致密性，提高混凝土的抗渗能力。

(3) 提高抗冻融性

抗冻融性是砂浆和混凝土长期性能和耐久性的重要指标，掺入抗裂纤维可有效提高混凝土的抗冻融性能。

抗裂纤维的主要技术指标如表 2-3 所示。对比试验表明，掺入一定量的复合纤维并没有显著提高保温材料的抗压强度，但是从试块的破坏特征可以看出，墙模材料的断裂能和破坏时的最大变形迅速增加，明显改变了材料的整体性能，试块的破坏呈塑性破坏，表明墙模材料的韧性、抗裂性得到明显提高。这是因为纤维以单位体积内较大的数量分布于墙模材料内部，裂缝在发展的过程中遭遇到纤维的阻挡，消耗了能量，延缓裂缝的出现。同时，掺加纤维会使砂浆的抗冻性、抗渗性、抗冲击性能都得到提高。

表 2-3　抗裂纤维的主要技术指标

项目	性能	项目	性能
直径/μm	20、30、48	燃点/℃	约 580
长度/mm	(3)、5、8、15、19、(12)	耐酸性	极高
断裂强度/MPa	＞400	安全性	无毒、无刺激
密度/(g·cm⁻³)	0.91	耐碱性	极高
初始模量/GPa	＞3.5	导热性	极低
断裂伸长率/(%)	15～35	抗低温性	好
熔点/℃	约 165	磁性	无

2.1.4　改性添加剂

因为墙模材料中的轻集料与传统的砂浆的细集料有着本质的区别，只靠水泥的水化来实现材料的强度要求是很难的。经过大量的试验，可再分散性乳胶粉可以作为胶凝材料的改性添加剂。可再分散胶粉在砂浆中干燥后形成不溶于水的连续膜将颗粒粘结在一起，连续膜在保温材料中的存在，可提高保温材料整体防水功能。

目前，国内外普遍使用的可再分散性乳胶粉，主要为醋酸乙烯乙烯（简称 VACE）和醋酸乙烯叔碳酸乙烯（简称 VeoVa）。改善水泥砂浆的粘结抗拉强度是乙烯基共聚物最重要的特点，尤其是其能经受环境温度的大幅度变化，并有利于水泥砂浆长期粘结拉伸强度的发展。在实际应用中，不同牌号的可再分散性乳胶粉针对不同的用途，最终效果有很大的差异，添加不同类型的可再分散性乳胶粉，主要表现有以下特征：

- 提高材料的粘结强度和抗拉伸强度、抗折强度。
- 可使刚而脆的水泥砂浆变得具有一定的柔韧性，降低了成型材料的弹性模量，因而在负荷下具有较高的塑性。
- 提高材料的耐水性、耐磨性、耐冲击性。
- 提高材料的流动性和可施工性。
- 由于乳胶粉表面有水溶性保护胶体的存在，可提高砂浆的保水性，减少水分蒸发，有利于提高强度。
- 降低收缩性，减少开裂现象。

VAC/VeoVa/E 共聚的可再分散性乳胶粉的理化性能如表 2-4 所示。

表 2-4 可再分散性乳胶粉性能

项目	性能	项目	性能
外观	白色粉末,自由流动	平均粒径/μm	80
固含量	≥98.0%	50%水溶液粘度/Pas	0.5～2.0
灰份(1 000℃)	10%±2%	pH 值	6～8
堆积密度/(g·L^{-1})	400～600	最低成膜温度	−1℃

2.1.5 减水剂

减水剂是一种使用量广、效果佳的混凝土外加剂。加入适量的减水剂,可降低混凝土水灰比,改善拌合物的工作性能。试验中选用的减水剂为 N-Ba 高效减水剂。高效减水剂可以改善新拌保温材料的和易性;在和易性相同情况下,减少拌合物的单位用水量,减水率可达 10%～25%,使保温材料拌合物内部孔隙体积大幅度减小,因而更为致密,可以显著提高保温材料的强度。

2.2 墙模材料的特征要求及配合比设计原则

2.2.1 保温墙模材料的特征要求

如前所述,保温墙模是为整个复合剪力墙结构体系服务的。在混凝土墙浇筑时作为混凝土墙模,具有支撑成型的功能,在浇筑混凝土达到一定强度后,无须使用粘结剂或螺栓等固定,就可以和混凝土牢固地粘结在一起。轻骨料混凝土永久性墙模砌块要满足与混凝土协调工作,强度与刚度要保证能够承受浇筑混凝土时的侧向压力,同时要保证墙体平整度。墙模不必拆除,在使用过程中成为墙体内外保温层,起到保温隔热作用。墙模要满足上述要求,墙模所采用的复合材料必须具备如下特征:

(1) 保温墙模材料的强度

保温材料强度与轻质的矛盾统一是需要解决的关键,也是研究的难点之一。保温材料中的骨料,均采用孔隙率较大的轻质材料,如玻化微珠等。骨料的自身强度较小,“骨架”作用较不显著。为此,保温材料的强度主要来自于无机胶凝材料。利用水化反应生成水化产物,形成由晶体和凝胶体组成的网状结构,充填骨料间的空隙并将保温骨料和其他材料胶结在一起,从而形成强度。在配制时要求能够确保骨料与胶凝材料的粘结强度,充分发挥其弹性增强效果,为保温材料提供足够的抗拉及抗折强度。从而确保材料在使用中具备足够的抵抗外力破坏的能力。

(2) 保温墙模材料的抗裂性能

无机胶凝材料虽然提供了强度来源,但本身存在收缩的性质,因此在材料中必须加入抑制收缩的组分。该组分能够起到明显的抑制收缩、防止开裂的作用,提高保温墙模材料的抗拉强度和因塑性收缩、温度应力、干缩等因素导致的裂纹的抗裂能力。同时可以改善保温材料的抗冻融能力,延长墙模材料的使用寿命。

(3) 节能环保型保温材料的保温性

导热系数是评定保温材料优劣的一个重要指标,但是单纯追求导热系数又会影响材料强度。从理论上讲,孔隙多、受力面积减小,会导致强度下降,轻质骨料的比例不当也会影响胶凝材料强度的发挥,降低整体强度。总之,在保证必要的强度下,能使导热系数减至最小,是墙模研制时的一个关键问题。

(4) 节能环保型保温材料的环保性

资源的合理利用,包括两个方面:既要充分地发挥材料的可利用价值,又要注重材料开发的节能环保作用。选择保温骨料时应进行环境效益的考虑,选择的材料应有利于资源的可持续使用,又有利于净化生态环境。同时要求材料生产过程中没有废气、废渣、废液的产生,生产工艺简单,噪音很小。材料中所使用的组分,要考虑到无刺激性和放射性,在生产、施工及使用过程中安全、无害。环境效益是开发新型保温材料的必要条件。

2.2.2　保温墙模材料的机理分析

1. 保温机理

玻化微珠颗粒表面呈微圆型且有着连续的玻化外壳,孔隙封闭而内部基本为空心结构,其导热系数只有 0.032～0.045 W/(m·K),用于建筑节能,能够满足建设部提出的建筑节能 50%的要求。在南方地区完全可以不再使用聚苯乙烯塑料发泡板材作保温材料,北方严寒地区可采用内 3 外 5(即:内墙抹 3 cm、外墙 5 cm)。玻化微珠要求级配良好,良好的颗粒级配,可以用较少的水泥,较少的用水量配制出流动性好、保水性好的混合料。并在相应的成型条件下得到密实均匀的保温材料。减少用水量及水泥用量则可以得到保温性能良好的保温材料。

对于墙模材料而言,主要目的是增强材料的保温效果,为此,必须减轻材料的密度,或者在内部引入气泡。但是这样的孔结构不利于墙模材料的粘结强度和施工性能。如果充分利用内部的孔结构,改变其分布和状态,就可以在不降低强度的同时达到良好的保温效果。在进行墙模材料的研制时,考虑不同轻重、不同颗粒级配的玻化微珠,通过调整级配和加入引气剂改变气孔结构和分布,然后采用适当的增强手段,配制出新型的保温材料。

2. 材料的强度形成机理

复合保温材料的强度主要来自于作为胶凝材料的硅酸盐水泥。硅酸盐水泥经过水化反应生成水化硅酸钙、水化铝酸钙、水化铁酸钙及氢氧化钙,形成由晶体和凝胶体组成的网状结构,充填骨料间的空隙并将保温骨料和其他材料胶结在一起,从而形成强度。水泥石本身是典型的脆性材料,但在该复合保温材料中由于其胶结的骨料具有良好的弹性,加上经弹性增强纤维及有机高分子材料改性,使得复合保温材料宏观表现出一定的亚弹性。因此,该保温材料的抗压强度表现为具有一定变形的抗压强度。

保温材料中的骨料,选用无机保温材料玻化微珠。玻化微珠较常用的 EPS 颗粒、膨胀珍珠岩等保温材料的强度高,可起到一定的“骨架”作用。另外,无机骨料与水泥具有良好的亲和性。无机骨料将分散良好的弹性增强纤维复合于水泥中,在硬化的材料内部形成网状结构,从而赋予材料良好的整体性。起胶结作用的水泥经外加剂的增粘作用,为该保温材料提供了足够的抗拉粘结强度。

3. 保温材料的抗裂机理

选用合适的外加剂、利用两种纤维将实现与水泥胶凝材料的最佳复合,提高了保温材料的抗裂性能。其作用机理如下:

复合外加剂均匀分散到水泥浆体中,在水泥水化初期便附着于未水化的水泥颗粒上,随着水泥水化进行,水泥浆体中水分不断消耗,水化产物不断增多,复合外加剂就会聚集在毛细孔中,并在凝胶表面和未水化的水泥颗粒表面形成紧密堆积,并逐渐填充毛细孔,由于水化和干燥使水分进一步减少,在凝胶体和孔隙中堆积的复合外加剂便凝聚成膜形成聚合物网络,而聚合物的弹性模量较水泥浆体低,使保温材料的韧性提高;而且聚合物分子中的活性基团还可能与水泥水化产物发生化学反应,形成特殊的键桥作用,改善了水泥水化产物的物理组织结构,缓解内应力,从而减少水泥微裂缝的产生。

在节能环保型保温材料中加入纤维的主要目的,就是提高保温材料的抗裂性能。保温材料干燥过程中,内部水分蒸发不一致,造成不均匀的体积收缩,产生收缩应力。另外,水泥基材料内部原来就存在缺陷,欲提高保温材料的抗裂性,必须尽可能地减少缺陷程度,提高韧性,降低内部裂缝端部的应力集中。所采用的纤维表面经特殊处理后与水泥基料有极强的结合力[77]。当微纤维掺量加入水泥中后,成束的短丝随着搅拌,受到水泥、玻化微珠保温骨料的冲击就会散开,在保温材料内形成大量分散的短纤维,均匀分布在起胶结作用的水泥中,能显著分散和抵消内应力集中,减少保温材料因收缩、干缩等因素产生的裂缝,提高抗冲磨功能,改善保温材料的抗冻融功能,延长保温材料的使用寿命。

2.2.3　配合比设计原则

在设计过程中，根据一般建筑物结构和功能要求以及复合剪力墙结构体系的特点，区分建筑物的内外墙功能侧重，确定研制两种墙模材料，即内墙模材料和外墙模材料。外墙材料的保温隔热要求高于内墙模材料。外墙模材料保温效果目标是达到建筑节能 50％标准，内墙模材料要求有良好的隔声性能。作为浇筑混凝土的模板，两种材料都要求有足够的强度和刚度。材料配合比设计时遵循如下原则：

- 确保保温材料具有足够的强度（抗压强度和粘结强度），满足使用安全性；
- 选择合适的原材料及确定合理的配比，使保温材料的导热系数尽可能小；
- 保温材料的收缩率较小，抗裂性能好，确保使用安全；
- 保温材料具备优异的耐久性；
- 原材料的资源丰富、价格低廉，利于环保；
- 保温材料的生产工艺简单、能耗低、厂房占地面积小、设备投资少；
- 保温材料在生产和使用过程中，均无环境污染；
- 保温材料施工方便、施工工艺简单。

外墙模材料研制过程中首先考虑的是其保温效果，为了达到良好的保温效果，参考 GB 50176—93《民用建筑热工设计规范》附录四“建筑材料热物理性能计算参数表”中有关计算参数，结合前苏联 Ъ. H 考夫曼通过实验研究[78]，对建筑材料的导热系数受容重、温度和湿度的影响整理出的经验公式(2-1)，计算出要想让外墙模混凝土的导热系数≤0.07 W/(m・K)，其密度在 350 kg/m³ 左右。

$$\lambda=1.163(0.213\,18r^{\frac{3}{2}}+0.025) \tag{2-1}$$

式中，λ 是温度为(25±5)℃时材料的导热系数，单位 W/(m・K)；r 是材料的密度，单位 kg/m³。

试配过程中，由于进度和试验条件所限，以密度为基本控制因素进行试配。

2.3　保温墙模材料性能试验研究

为了对不同配合比设计的内、外墙模材料基本性能有所了解，同时为复合剪力墙结构体系的设计和计算提供依据，在太原理工大学的结构实验室进行了墙模材料基本性能试验。

在进行试验之前，对配方中所用到的建筑材料都进行了相关的检验。水泥的检验，按照 GB/T 1346—2001《水泥标准稠度用水量、凝结时间、安定性检验方法》中 7 的规定测定标准稠度用水量；按检验方法中 8 的规定测定初凝时间、终凝时间，配料时在胶砂搅拌机中搅拌 3 分钟；按检验方法中 11 的规定测定安定性，配料时在胶砂搅拌机中搅拌 3 分钟；水泥强度检验按照 GB 175—1999《硅酸盐水泥、普通硅酸盐水泥》和 GB 17671—1999《水泥胶砂强度检验方法(ISO 法)》的相关规定执行。减水剂采用国家现行标准 GB 8076—1999《混凝土外加剂》、《混凝土外加剂应用技术规范》及相关的规定方法检验。玻化微珠性能应符合 JC/T 1042—2007《膨胀玻化微珠》的要求。

试件的制作在太原理工大学结构实验室进行。各个性能指标分别依据不同的标准和规范进行测试：

- 密度(包括松散密度、干表观密度、湿表观密度)。按 GB 5486.3—2001《无机硬质绝热制品试验方法密度、含水率及吸水率》中的规定进行测试。
- 强度、弹性模量。按照 GB 5486.2—2001《无机硬质绝热制品试验方法力学性能》的规定测试，得到墙模材料的抗压、轴心抗压强度及弹性模量。抗拉、抗折强度为委托检验。内、外墙模材料 28 天龄期立方体抗压强度如表 2-5 所示。材料的密度和强度控制达到预期设计目标。从试验结果可见，与轻混凝土一样，研制的墙模材料的立方体抗压强度取决于密度，也取决于拌合水泥和骨料的用量比例，密度增加，强度也增大。内墙模的抗压强度略高于外墙模，这一结论是符合预期设计的。轴心抗压强度试验结果如表 2-6 所示。弹性模量如表 2-7 所示。

表 2-5　内、外墙模材料抗压强度

	内墙模		外墙模	
试件序号	密度/(kg·m^{-3})	强度/MPa	密度/(kg·m^{-3})	强度/MPa
1	673	1.300	353	0.698
2	674	1.243	361	0.712
3	679	1.311	351	0.673
4	676	1.254	349	0.654
5	669	1.271	343	0.610
平均值	674	1.276	351	0.669

表 2-6　墙模材料轴心抗压强度

	内墙模材料						
试件序号	1	2	3	4	5	6	平均值
密度/(kg·m^{-3})	679	675	670	683	678	659	674
强度/MPa	0.807	0.783	0.790	0.820	0.811	0.779	0.799
	外墙模材料						
试件序号	1	2	3	4	5	6	平均值
密度/(kg·m^{-3})	343	348	353	369	366	352	355
强度/MPa	0.403	0.412	0.431	0.470	0.465	0.411	0.432

表 2-7　墙模材料弹性模量

试件	内墙模材料	外墙模材料
密度/(kg・m^{-3})	674	355
弹性模量/MPa	2.13×10^2	1.5×10^2

- 导热系数。测试干表观密度后的试件，导热系数按 GB 10294—88《绝热材料稳态热阻及有关特性的测定》中规定进行测试。保温墙模材料的导热系数为委托检验。测试结果如表 2-8 所示。

表 2-8　导热系数

试件	外墙模混凝土		外抹灰砂浆		砌筑砂浆	
项目	密度/(kg・m^{-3})	导热系数/(W・m^{-1}・K^{-1})	密度/(kg・m^{-3})	导热系数/(W・m^{-1}・K^{-1})	密度/(kg・m^{-3})	导热系数/(W・m^{-1}・K^{-1})
	362	0.067	267	0.069	980	0.160

- 软化系数。按 GB/T 20473—2006《 建筑保温砂浆》中 6.8 的规定进行，如表 2-9 所示。

表 2-9　墙模材料的软化系数

类型	对比	抗压强度/MPa					平均抗压强度/MPa	软化系数
外墙模混凝土	饱和状态	0.531	0.524	0.519	0.533	0.527	0.527	0.788
	绝干状态	0.698	0.712	0.673	0.654	0.610	0.669	
内墙模混凝土	饱和状态	1.113	1.054	1.109	1.117	1.008	1.080	0.847
	绝干状态	1.300	1.243	1.311	1.254	1.271	1.276	

- 蓄热系数。按 JGJ 51—2002《轻集料混凝土技术规程》中 7.5 的规定进行。
- 难燃性。按 GB 8624—2006《建筑材料燃烧性能分级试验方法》的规定进行。
- 粘结强度。按 JG 158—2004《胶粉聚苯颗粒外墙外保温系统》中附录 F 的规定进行，试件由水泥砂浆底板和被测材料组成，试验在干燥状态下进行。
- 抗冻性。按 JGJ 70—1990《建筑砂浆基本性能试验方法》中第九章的规定方法进行，冻融循环次数为 25 次。
- 放射性。按 GB 6566《室内装饰装修材料建筑材料放射性核素限量》的规定进行。

在研究中，采用单因素分析法，依次调整各组分含量或掺量进行试验。考虑外墙模的保温功能，其性能如表 2-10 所示。

表 2-10　外墙模保温材料的性能

项目	实测结果	项目		实测结果
干密度/(kg・m^{-3})	355	凝结时间	初凝/min	100
湿密度/(kg・m^{-3})	687		终凝/min	115
抗压强度/kPa	669	软化系数		0.8
抗拉强度/kPa	451	放射性	内照射指数	0.14
粘结强度/kPa	361		外照射指数	0.32
导热系数/(W・m^{-1}・K^{-1})	0.067	蓄热系数/(W・m^{-2}・K^{-1})		1.25
线性收缩率/(%)	0.29	备注：导热系数的平均温度：33.04℃		
燃烧性能	A 级	蓄热系数的平均温度：22.66℃		

注：本表引自国家建筑材料工业房建材料质量监督检验测试中心出具的检验报告。

在研究过程中，以外墙模保温材料为基础开发的涂抹式无机保温材料——高效节能玻化微珠保温砂浆，已获得该类产品国家首个发明专利(ZL 200610012729.6)。

2.4　配套材料的性能

配套材料包括保温砌筑砂浆和轻质抹面砂浆。砌筑砂浆适用于墙模砌块的砌筑，可消除砌块间热桥；轻质抹面砂浆适用于墙模外部的找平、建筑墙体及热桥部位表面抹灰，具有辅助保温隔热作用。这两种材料均采用以玻化微珠为保温骨料的保温砂浆，区分不同的功能，性能指标存在差异。

2.4.1　砌筑砂浆的性能指标

砌筑砂浆在砌块内的作用，主要是填充墙模砌块之间的空隙，并将其粘结成一整体，使上层墙模砌块的荷载能均匀地传递到下层。本体系对砌筑砂浆的要求不同于一般砌体，需要有较高的和易性，以及在室内、外冷热交替作用下保持良好的粘聚性，且应避免“冷桥”的出现。为此，在砂浆配料中加入玻化微珠，使砂浆具有良好的保温性能。砌筑砂浆的性能指标要求如表 2-11 所示。

表 2-11　砌筑砂浆性能指标

项　目	技术要求
分层度/mm	≤20
凝结时间/h	≤5
干表观密度/(kg・m^{-3})	≤800
压缩强度/MPa	≥5.0
粘结强度/MPa	≥0.2
导热系数/(W・m^{-1}・K^{-1})	≤0.30
软化系数	≥0.8
线性收缩率/(%)	≤0.3
抗冻性	质量损失率应不大于 5%，压缩强度损失率应不大于 20%
放射性	I_{Ra}≤1.0，I_{γ}≤1.0

2.4.2　轻质抹面砂浆的性能指标

轻质抹面砂浆的性能指标如表 2-12 所示。

表 2-12　轻质抹面砂浆性能指标

项　目	技术要求
堆积密度/(kg・m^{-3})	≤500
分层度/mm	≤20
凝结时间/h	≤5
干表观密度/(kg・m^{-3})	≤600
压缩强度/MPa	≥3.0
抗拉强度/MPa	≥0.5
粘结强度/MPa	≥0.2
吸水率/(%)	≤8
导热系数/(W・m^{-1}・K^{-1})	≤0.12
软化系数	≥0.7
线性收缩率/(%)	≤0.3
燃烧性能	A 级
抗冻性	质量损失率应不大于 5%，压缩强度损失率应不大于 20%
耐老化系数	≤1.1
放射性	I_{Ra}≤1.0，I_{γ}≤1.0

2.5 节能环保型墙模材料的绿色评价

随着人们环保意识的不断加强，人们选择使用绿色产品的愿望越来越强烈。目前，在全球的生产和消费领域已迅速形成了一股绿色浪潮。绿色产品是指在其寿命周期中通过采用先进的技术，能经济地满足用户功能和使用性能的要求，同时实现节省资源和能源、减小或消除环境污染，且对劳动者(生产者和使用者)具有良好保护的产品。

从绿色产品的定义可以看出，绿色产品由三个基本要素组成[79]，即：

(1) 产品的技术先进性

技术先进性是绿色产品设计和生产的前提。绿色产品强调在其寿命周期中采用先进的技术，从技术上保证安全、可靠、经济地实现产品的各项功能和性能，保证产品寿命周期全过程具有很好的绿色特性。

(2) 产品的绿色性

产品的绿色特性包括节能、降耗、环保和劳保 4 个方面的内容，它是通过在产品寿命周期的各个阶段中采取各种绿色措施，并实施严格的管理来实现的。

(3) 产品的经济性

经济性对绿色产品是必不可少的因素之一。一个产品若不具备用户可接受的价格，就不可能走向市场。从寿命周期的角度来看，产品成本应包括企业成本、用户成本和社会成本，即所谓的寿命周期成本。

总之，只有在产品寿命周期中将技术先进性、绿色性以及经济性融合为一个整体，才能获得真正的绿色产品。

根据绿色产品的要求，材料必须以材料的完整寿命周期为研究范围。本书阐述的保温材料，是作为一种绿色建筑材料被研制开发的，对于该材料是否为绿色产品，可以从其生产过程及应用情况加以评价。

2.5.1 节能环保型墙模材料的技术先进性

(1) 整体性

永久性墙模与基底形成一个整体，不会形成板材保温的空腔，结构稳定，抗震性能好，彻底解决负风压对保温层的破坏；而且对外墙窗户挑檐、女儿墙以及空调板等热、冷桥部位比板材保温易于实现，整体保温效果好。

(2) 保温性能

原材料采用专利技术生产，稳定性好。产品呈微球形结构，表面完全玻化，提高了颗粒强度，且颗粒间空气缝隙减少，因此在后期加工应用中体积收缩率小。同时由于产品表面为玻化结构层，易于阻止水分进入颗粒内部，通过试验证明吸水率仅为普通珍珠岩的 1/10。因此，研制成功的墙模材料保温性能良好，能达到国家节能标准的要求。

(3) 综合性能

除优异的保温性能外，本书所阐述的墙模材料还具有吸音、透气、耐高温、耐水、耐冻性能，墙模砌块采用玻化微珠保温砌筑砂浆砌筑，墙模外部以玻化微珠轻质砂浆找平，以聚合物抹面抗裂砂浆抹面，共同形成一个完整的保温系统。抗裂性、耐老化性能和耐候性良好，应用中抵抗外界环境对保温层侵蚀破坏作用的能力强，产品使用寿命长。另外，该墙模材料具有 A 级防火性能，可作为消防防火材料使用。

2.5.2　节能环保型保温材料的绿色性

绿色性是指材料在整个寿命周期内对环境的综合影响。玻化微珠保温砂浆的绿色性表现在以下几个方面：

- 墙模材料以玻化微珠作为保温骨料。玻化微珠为无机玻璃质矿物材料，为火山岩粉碎膨化而成，不含有机材料，在使用过程中物理性能稳定，无毒无害。即使是在高温环境下也不会排放出有害气体，不会出现老化及耐候性差的问题，不会对空气造成污染，符合现代人对家居环保的要求，也符合绿色消费和循环经济发展的要求。
- 玻化微珠原材料可以综合利用我国丰富的矿产资源，变废为宝，材料生产中未采用不可再生及枯竭资源。
- 材料生产工艺简单，对生产条件要求不高，基本没有化学反应发生，采用专利生产技术，没有“废渣”、“废液”、“废气”的排放。生产过程清洁，原材料中不含对人体有害的成分，同时生产噪音小，不会造成噪音污染。

2.5.3　节能环保型保温材料的经济性

材料的经济性包括材料寿命周期成本和材料寿命周期效益两个方面。其中材料寿命周期成本可用 LCCA (Life Cycle Costing Assessment)方法进行定量分析。LCCA 可定义为：与产品整个寿命周期相关的所有内部资金和外部资金耗费的总和。寿命周期资金耗费组成可近似用表 2-13 表示。

表 2-13　产品寿命周期资金耗费组成

常规耗费		可能耗费		环境耗费	
设备(资本)投入	空气污染控制	罚金	财产损失	温室效应	人类健康影响
劳动力(能源)耗费	水污染控制	个人伤害	制度审议	臭氧破坏	社会福利影响
维护费用	放射性(危险物)管理	经济损失	维修费用	化学光雾	生物体损害
保险(税收)	原料废弃管理	公共印象损失	未来市场变化	酸化资源耗费	水污染
制度协调					

由于材料的自身工艺特点及环保特性,其他产品的常规耗费,例如:空气污染控制、水污染控制、放射性(危险物)管理、原料废弃物管理等不属于节能环保型保温材料的常规耗费范畴。节能环保型浆体保温材料的常规耗费包括,资本投入、设备投入、劳动力、维护费用、保险、能源、原材料等几部分。由于材料的抗裂、抗老化及耐候性优异,因此使用寿命长,维护费用低。而且玻化微珠材料的生产设备简单、工艺流程短,对生产人员的技术要求低、劳动力成本低、原材料成本低(以废弃的聚苯乙烯为主),所以节能环保型保温材料具有低资本投入、低能耗的特点。

节能环保型浆体保温材料是一种新型的建筑材料,其生产企业必然以先进的企业管理制度为产品的发展提供良好的条件,所以在“可能耗费”上,仅提供维修费用、未来市场变化、个人伤害等少量资金就可以满足生产的要求。

环保是节能环保型浆体保温材料的一个显著特点,由于其生产及使用过程中没有“三废”的排放,所以该保温产品不存在现行有机保温材料在空气污染、水污染、放射性等方面的“环境耗费”。

由此可知该保温材料具有显著的经济性优势。

2.5.4　节能环保型保温材料的综合评价

绿色建筑材料科学、权威的定义,目前仍在研究确定阶段。绿色建筑材料的概念来自于生态环境材料,其主要特征首先是节约资源和能源;其次是减少环境污染,避免温室效应与臭氧层的破坏;最后是容易回收和循环利用。作为生态环境材料一个重要分支,按其含义,绿色建筑材料应指在材料的生产、使用、废弃和再生循环过程中以与生态环境相协调,满足最少资源和能源消耗,最小或无环境污染,最佳使用性能,最高循环再利用率要求设计生产的建筑材料。节能环保型墙模保温材料在其生产及使用过程中,最大程度地节约资源和能源,没有环境污染,具有技术先进性、绿色性、经济性的显著特点,因此属于绿色建筑材料的范畴。它的成功研制适应了当前社会对建筑产品的要求,对环境的保护作出了较大的贡献。随着节能环保型保温材料的不断发展和完善,必将对环境材料的发展起到推动作用。

2.6 本章小结

本章主要针对玻化微珠保温墙模材料进行研究，阐述了一种节能环保型墙模材料，主要内容如下：

选择新型无机保温材料——玻化微珠作为保温骨料，对其生产工艺进行研究，研制了两种玻化微珠膨胀炉并获得实用新型专利。采用该专利技术生产的玻化微珠具有优良特性，是一种绿色环保型高性能无机轻质保温绝热材料。

通过合理选用保温骨料、胶凝材料、增强纤维、改性添加剂及外加剂，经过系列试验研究，研制成功一种节能环保型墙模材料，以此材料为基础开发的涂抹式保温材料已获得国家发明专利。

通过对节能环保型保温材料的测试和应用研究，总结出节能环保型保温材具有保温性能良好、抗压强度高、抗裂性能好、粘结强度高、耐老化、环保性能显著等特点。在系统的安全稳定性、防火阻燃、系统的保持寿命、维修成本、工程成本、生态环保性、资源的可循环再利用等多方面，已大大优于有机保温材料如发泡聚苯板(EPS)、挤塑聚苯板(XPS)、喷涂聚氨酯(SPU)、聚苯颗粒等。我国资源极其有限、生态环境保护状况的形势日益严峻，全国如此大规模的建筑保温节能工程，需要耗用大量的保温材料，如过多地依赖有机保温材料，若干年后若保温层因技术原因或遇自然灾害或自然老化被废弃，必将对环境造成严重污染并让我们付出极大的经济与环境代价。因此，无机保温材料，特别是高性能、低成本的复合型、可循环利用的无机保温材料的研究与应用技术是今后发展的方向。

第 3 章　玻化微珠永久性保温墙模的设计

永久性保温模板在浇筑混凝土后不拆卸，而是作为建筑物的保温构造，墙模与其中孔洞中灌注的钢筋混凝土组成复合剪力墙结构体系。采用永久性保温墙模，主体承重结构与保温构造可一次完成，其用工和速度的优势是相当明显的，符合我国重点推广新型建筑模板的“建筑十大新技术”之一的要求，不失为我国模板及墙体保温的一个发展方向。

保温墙模在混凝土墙浇筑时作为混凝土墙模，具有支撑成型的功能，在浇筑混凝土达到一定强度后，无须使用粘结剂或螺栓等固定，就可以和混凝土牢固地粘结在一起。因此，永久性墙模砌块要满足与混凝土协调工作，强度与刚度要保证能够承受浇筑混凝土时的侧向压力，要保证墙体平整度。同时，墙模不必拆除，在使用过程中成为墙体内外保温层，起到保温隔热作用。因此，要保证达到良好的保温隔热性能。

本章主要从热工、力学方面进行可行性研究，并对其截面进行设计，为墙模砌块的生产以及墙体的结构设计与施工提供依据。

3.1　永久性模板的研制意义

1. 永久性模板的复合功能

传统的模板工程大多数属于支撑浇筑结构，在混凝土浇筑成型后拆模，建筑物的全部功能由浇筑的混凝土来承担，模板仅仅起到支撑成型的作用。成型后的建筑物仍需砂浆抹面找平、表面装饰等工序，并进行墙体保温工程，屋顶表面还需要做防水处理，屋内需要保温、隔热、隔声等装饰装修，地面需要进行防水防潮处理等，这些工序将极大地增加建筑施工的成本、降低施工的进度。而采用根据不同功能预制的新型永久性模板，可以使模板不仅具有支撑成型的功能，而且还赋予建筑物各种装饰、装修、保温等复合功能。同时，永久性模板作为建筑构件的保留部分还可以改善结构性能，提高混凝土结构的力学性能。例如，美国佛罗里达中心大学的 Amir Mirmiran 博士在对桥墩的侵蚀破坏研究之后研制了玻璃钢材料的永久性模板，其内部浇筑混凝土，从而阻止了混凝土柱外表与周围环境的接触，延长了桥墩的使用寿命；马来西亚波坦利安大学的研究人员用钢骨架水泥制作的一次性模板具有较高的抗荷载能力，可以减少钢筋混凝土内配筋的数量，降低工程造价。从理论上讲，由于“环箍效应”，使用一次性模板可以提高混凝土柱的抗压强度，从而减小混凝土构件的截面尺寸。

2. 永久性复合保温模板可提高混凝土的养护质量

混凝土浇灌完毕后，在相当长的时间内需保持适当的温度和足够的湿度，来满足混凝土的良好硬化条件，创造满足这种硬化条件所采取的措施，称为混凝土的养护。混凝土养护的三要素是介质的温度、湿度及养护延续时间。

混凝土的硬化或强度增长的条件，需要一定的温度和湿度。因为混凝土是由水泥、骨料、水拌合后经硬化所形成的人造石，是一种水硬性的胶凝材料。如文献[80]所述，水泥中主要矿物组成有硅酸三钙(C_3S)、硅酸二钙(C_2S)、铝酸三钙(C_3A)和铁铝酸四钙(C_4AF)，此外，还有少量游离石灰。C_3S是水泥熟料的主要矿物成分，含量在 50%以上，是水泥胶凝性的主要来源，它与水反应称为水化，产生呈凝胶状的水化硅酸钙(CSH)。水泥在水化过程中所产生的热量称为水化热。水泥的水化随着温度的增加而加快，温度低时则凝结迟缓。在凝结过程中周围空气干燥，混凝土中水分蒸发，因水分不足影响水化作用，造成混凝土凝结速度慢，特别是在干旱多风天气，混凝土毛细孔水迅速蒸发，水泥不仅因缺水而停止了水化作用，还因毛细管引力作用在混凝土中引起收缩。此时混凝土强度还很低，收缩引起的拉应力很快使混凝土开裂，极易造成质量事故。因此，混凝土的凝结硬化与养护温度、湿度条件有直接关系。影响混凝土凝结硬化的因素有很多，如水泥的成分、细度模数、外加剂及级配等，但整个过程中起主要作用的是温度。在高温下凝结速度快，一般来说温度每上升 5℃(以 15℃～20℃为标准温度)，则初凝和终凝速度均可提前 1 小时。所以在混凝土施工中，既要防止温度高时混凝土内部不易散热(大体积混凝土)而出现温度裂缝，又要防止混凝土表面水分蒸发而产生收缩裂缝。水泥凝结水化作用随湿度相对值和温度的峰值而变化，所以在混凝土施工中，自拌合至养护期间必须掌握湿度和温度的变化才能达到预期的混凝土强度。由于水泥水化作用的速度与环境的温度成正比，所以为了加快施工进度，提高产品质量，要人为创造混凝土养护环境。一般的混凝土选择，在自然条件下(气温不低于 5℃)，采取浇水湿润，防风防干的方法进行养护。水平方向混凝土的养护可采用湿麻袋、苇席、锯末、湿砂等覆盖物覆盖。垂直方向混凝土的养护可采用人工洒水、压力喷洒等方法。这里的关键是及时观测天气温度变化，确定阴天、雨天和每天早、午、晚洒水次数，以混凝土表面潮湿为标准，洒水要求均匀。开始洒水养生的时间，一般在浇筑后 12～18 小时进行。这种传统方法不仅耗费大量的水资源、劳动强度大，而且易造成混凝土表面干湿不一、收缩不均匀，在炎热夏季，表面易产生裂缝。永久性复合保温模板使新浇灌的混凝土避免受自然环境的影响,避免混凝土凝结时水分的散失,使之达到理想的养护条件,从而提高混凝土的水化质量。

3. 永久性模板的经济效益

模板体系由传统的注重材料、价格单一向着注重降低综合成本的方向发展,由于采用永久性模板将无法重复使用,而且新型建筑材料的成本相对来说较高,致使永久性模板的应用受到限制。但从综合成本来看,永久性模板不仅作为支撑成型材料而且已成为建筑的一部分,参与建筑物的保温防水、隔热、装饰等,极大地省去了砂浆抹面、找平、二次装修、防水保温处理、面层装饰等工序。此外利用永久性模板不需拆模的特点,还省去了大量的拆模、倒运费用。所以,虽然此类模板本身成本提高,但相应省去了大量的施工工序,节省了大量的劳动量,工期缩短,可以平衡工程的造价。而且对于复杂形状的结构部件而言,传统的钢、木模板体系无法制得准确的形状,从经济角度上讲采用易成型的新型复合模板材料是能很好保证工程质量的。从施工进度的机械化需求来看,采用按图纸设计相应尺寸的永久性模板,施工时运到现场支模浇筑,在模板设计时要考虑构件的尺寸、整体连接等问题,从而既保证工程的快速施工进度,又保证建筑构件在结构上的合理性、整体性、功能性。

综上所述,采用具有保温、装饰等复合功能的永久性模板,从节省劳动力、加快施工进度、丰富建筑造型、降低工程造价上,不失为现代混凝土模板的一个发展方向。

3.2 保温墙模的设计原则

从国内外模板发展趋势来看,模板由单一的成型混凝土向具有保温、防水、隔热、装饰等复合功能方向发展,模板的材质都是由全钢型向复合型发展。针对国内保温复合模板的现状,考虑施工劳动量、机械化程度、配套设施以及工程建设对模板提出的要求,在研究设计保温墙模砌块时,遵循以下原则:

- 设计的砌块规格应与国家《住宅建筑模数协调统一标准》[81]及有关规程相一致;
- 所设计的砌块规格尺寸应有良好的排列组合功能,适应建筑设计的各种开间、进深、层高和门窗洞口尺寸要求,满足砌块错缝搭接及构造要求;
- 砌块的厚度要考虑结构强度和热工方面的要求,应有良好的力学性能及保温隔热性能;
- 尽量以较少的规格尺寸来满足多种墙体的组砌要求,即模板的种类少、功能多,通用性强,便于设计和施工;

• 设计时要考虑砌块成型、运输中存在的问题。

永久性保温墙模的设计借鉴了国外的纳士塔(Rastra)建筑体系及国内 CL 体系的构造，参考了 GB 50204—2002《混凝土结构施工及验收规范》、JGJ 26—95《民用建筑节能设计标准(采暖居住建筑部分)》、JGJ 5—80《中型砌块建筑设计与施工规程》、JGJ/T 14—2004《混凝土小型空心砌块建筑技术规程》和其他有关的规程、规范。

对于墙模砌块的规格，考虑砌块的设计模数宜采用单一模数制，水平和竖向可以采用 nM (M=100 mm)。也可以根据既有经验，考虑结构、热工等性能要求来设计砌块的规格[81-84]。永久性模板的重量要轻，适合搬运，便于施工。设计时区分内、外墙模的不同功能及不同物理性能，墙模的规格有所区别。其具体尺寸设计，初步拟定为墙模宽度 900 mm。内、外墙模厚度要满足施工安全要求，外墙模壁厚同时还要满足住宅节能的要求。由于外墙模强度较低，且对保温性能要求较高，因此以外墙模为主要研究对象，通过热工计算及墙模受力计算确定墙模厚度。对于墙模高度及内部隔板的位置尺寸，考虑墙片受力特征，采用有限元结构计算程序 ANSYS，对墙模砌筑的单片剪力墙进行数值模拟计算确定。

3.3 保温墙模的厚度确定

3.3.1 满足经济要求的砌块厚度

开发永久性复合保温模板的一个主要目的是丰富我国建筑保温的形式，提供一种优良的保温方式。因此，此模板的设计首先满足《民用建筑节能管理规定》、JGJ 26—95《民用建筑节能设计标准(采暖居住建筑部分)》、GB 50176—93《民用建筑热工设计规范》等规程的要求，下面首先从热工方面对永久性复合保温模板进行设计。

从节能方面考虑，保温砌块厚度越厚节能越多，但并不意味着保温越好就能节约越多的资金，外墙保温的经济性主要表现在加强保温的节能投资少，回收期短，在长期的房屋使用中节约的能源越多，节省的费用也越大[85]。因此，围护结构热工设计除应满足保温隔热的要求外还应经济合理，使保温层厚度在经济的意义下找到最佳厚度。

传统的保温层厚度验算通常通过确定保温层经济热阻 R_{IE} 来确定，一旦经济热阻确定便可按 $\delta = R_{IE}\lambda$ 来得到。由于本体系并不是单一的保温层，而是一种新型复合保温体系，所以提出由年度费用法来确定砌块厚度。

$$A=(p+\mu)\sum_{n=1}^{m}S_n\lambda_n R_n+\frac{M}{R_{\mathrm{i}}+\sum_{n=1}^{m}\frac{\delta_k}{\lambda_k}+R_{\mathrm{e}}} \tag{3-1}$$

式中，A 为外墙的(相当)年度费用值。$\frac{\partial^2 A}{\partial \delta_k^2}>0$ 时，年度费用有极小值。令 $\frac{\partial A}{\partial \delta_k}=0$ 并移项，解出 δ_k，此时 δ_k 也为最小值，即为保温层的最佳经济厚度，设为 δ_0，计算公式为

$$\delta_0=\sqrt{\frac{M\lambda_k}{(p+\mu)S_k}}-\lambda_k\left(R_i+\sum_{n=1}^{k-1}R_n+\sum_{n=k+1}^{m}R_n+R_{\mathrm{e}}\right) \tag{3-2}$$

式中，δ_0 为保温层经济厚度，单位为 m；M 为年采暖费用系数，单位为元·℃/(W·an)；S_k 为保温层所用材料单位体积价格，单位为元/米^3；p、μ 为年折旧率、年维修费用系数，单位为(%)；λ 为保温层导热系数，单位为 W/(m·K)；R_n 为复合墙体中除保温层之外的各层材料热阻，单位为 $\mathrm{m^2\cdot K/W}$；R_{i} 为感热阻，单位为 $\mathrm{m^2\cdot K/W}$；R_{e} 为散热阻，单位为 $\mathrm{m^2\cdot K/W}$。

综合太原市近年统计数据及《全国采暖期系数表》，年采暖费用系数为 1.9，年折旧率与年维修费用系数之和为 0.04。代入数值后可得：

$$\delta_0=124\ \mathrm{mm}$$

根据以上计算，外墙模砌块壁厚取外墙模为 60 mm，两边共 120 mm。保温层厚度满足热工要求的同时又符合经济要求。墙模总厚度为 240 mm，内部空腔 120 mm，墙模内部浇筑混凝土后，内部混凝土为 120 mm 厚的剪力墙结构。

根据内墙模砌块功能要求及材料性能，确定内墙模壁厚 40 mm，两边共 80 mm。内部空腔 120 mm。

墙模砌块示意图如图 3-1 所示，墙模厚度要进行热工计算(见 3.3.2 节)，图中隔板的尺寸规格以及墙模高度需通过其后的数值模拟(见 3.4 节)确定，保温墙模要成为混凝土成型用的模板，还需进行强度验算(见 3.5 节)。

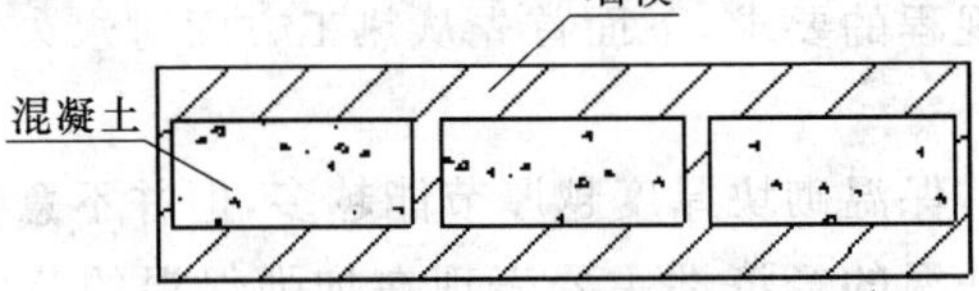

图 3-1　墙模砌块示意图

3.3.2　热工计算

1. 围护结构热工计算的理论依据

(1) 热流量计算

当围护结构两侧存在温差时，热流依次通过各层平壁墙体 1，2，…，n，则各层

界面温度为 $t_0, t_1, \cdots, t_n$。这里，除 t_0, t_n 为空气接触面的温度外，其余 $t_1, t_2, \cdots, t_{n-1}$ 都是层与层接触的温度，而与空气接触的两个表面为第一边界条件，因而可将空气视为有热阻 R_i 和 R_e 的两个层。这样一来可得下列一组关系：

$$
\begin{aligned}
qR_i &= t_i - t_0 \\
qR_1 &= t_0 - t_1 \\
&\vdots \\
qR_n &= t_{n-1} - t_n \\
qR_e &= t_n - t_e
\end{aligned}
$$

上面诸式相加便有：

$$q = \frac{t_i - t_e}{R_i + \sum_{j=1}^{n} R_j + R_e} \tag{3-3}$$

由式(3-3)可知，在建筑热工计算中，研究传热问题的关键是要确定围护结构的传热阻，以此为基础进行设计和能耗计算。

(2) 传热阻的确定

围护结构根据材料和构成不同，计算热阻时可以分为三类：单一材料层、多层均质围护结构及两向非均质围护结构[86]。均质实体层是最常见的类型，如钢筋混凝土墙体、粘土砖、聚苯乙烯泡沫板等。现研究的复合剪力墙为多层均质围护结构。

当复合保温墙体两侧的空气存在温度差，热流从温度较高的一侧传到较低的另一侧时，经过三个基本历程。首先是复合保温墙体内表面的吸热过程，又称感热阶段；其次是热量由复合保温墙体内表面传至外表面的透热过程，又称传热阶段；最后就是复合保温墙体外表面向室外空间散发热量的过程，又称散热阶段。吸热和散热分别是在接近复合保温墙体内外表面的空气层以传导、对流和辐射的方式将热量从一侧转移到温度较低的另一侧，每一过程都受到一定的阻力。感热阶段、传热阶段及散热阶段的热阻分别为感热阻、材料层热阻和散热阻，它们都会分别产生温度降落，总的传热阻计算可表示为

$$R_0 = R_i + \sum_{j=1}^{n} R_j + R_e \tag{3-4}$$

式中，R_0 为围护结构的传热阻，单位为 $m^2 \cdot K/W$；R_i 为围护结构内表面换热阻，取 $0.11\ m^2 \cdot K/W$；R_e 为围护结构外表面换热阻，取 $0.04\ m^2 \cdot K/W$；R_j 为围护结构各层热阻，且 $\sum_{j=1}^{n} R_j = R_1 + R_2 + \cdots + R_n$。

其各层热阻的确定可按下式计算：

$$R_j = \frac{\delta}{\lambda} \tag{3-5}$$

式中，δ 为材料层厚度，单位为 m；λ 为材料层导热系数，W/(m·K)；

于是围护结构传热阻可写为

$$R_0 = R_i + \sum_{j=1}^{n} \frac{\delta_j}{\lambda_j} + R_e \tag{3-6}$$

材料的导热系数 λ 是衡量某种材料在稳定传热条件下其导热特性的物理指标。它的物理意义为：1 m 厚的材料当两侧表面温差为 1 K 时，单位时间内通过单位面积由导热方式传递的热量。规范规定，一般把 λ 值小于 0.29 W/(m·K)的材料称为保温隔热材料。影响材料导热系数的因素有密度、温度、湿度等。一般来说，密度越小导热系数越小，湿度越大导热系数也随之增大。

(3) 围护结构的传热系数

我国的《民用建筑节能设计标准(采暖居住部分)》对于围护结构保温性能的衡量均以传热系数为准，而围护结构的传热阻与其传热系数互为倒数关系，即

$$K = \frac{1}{R_0} \tag{3-7}$$

式中，R_0 为围护结构传热阻，m^2·K/W；K 为围护结构平均传热系数，W/(m·K)。

传热系数的物理意义为：围护结构两侧空气温差为 1 K 时，单位时间内通过单位面积的热量。K_0 值越大，说明在同样的温度条件下通过结构的热量越多。

2. 本体系墙模热工计算

(1) 复合剪力墙传热阻的确定

取如图 3-2 所示的一块砌块，由于中间连接部分的传热面积仅占总传热面积的 4.1%，因而可视为多层均质墙体。

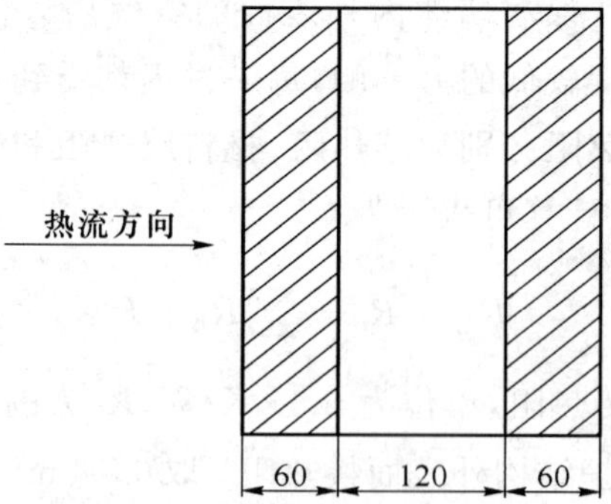

图 3-2 传热示意图

传热阻计算：
$$R_0 = R_i + \sum_{j=1}^{n} \frac{d_j}{\lambda_j} + R_e$$

$$R_0 = R_i + 2\frac{d_1}{\lambda_1} + \frac{d_2}{\lambda_2} + R_e$$

代入数值(其中尺寸以图中尺寸进行取值，墙模砌块的导热系数 λ_1 为 0.067，混凝土的导热系数 λ_2 为 1.74)

$$R_0 = 0.11 + 2\times\frac{0.06}{0.067} + \frac{0.12}{1.74} + 0.04 = 2.009\ \mathrm{m^2 \cdot K/W}$$

传热系数计算：
$$K = \frac{1}{R_0}$$

代入数值
$$K = \frac{1}{2.009} = 0.498\ \mathrm{m^2 \cdot K/W}$$

(2) 围护结构最小传热阻限值

设置集中采暖的建筑物，其围护结构的传热阻应根据技术经济比较确定，且应符合国家有关节能标准的要求，其最小传热阻应按下式计算确定：

$$R_{0 \cdot \min} = \frac{(t_i - t_e)n}{[\Delta t]} R_i \qquad (3\text{-}8)$$

式中，$R_{0 \cdot \min}$ 为围护结构最小传热阻，单位为 $\mathrm{m^2 \cdot K/W}$；t_i 为冬季室内计算温度(℃)，一般居住建筑，取 18℃，高级居住建筑，医疗、托幼建筑，取 20℃；t_e 为围护结构冬季室外计算温度(℃)，按照《民用建筑热工设计规范》附录三附表 3.1 采用。在太原地区，根据所研究墙体热惰性指标，围护结构为Ⅱ型，围护结构冬季室外计算温度为－14℃；n 为温差修正系数，根据围护结构及其所处情况选用，外墙取 1.00；$[\Delta t]$为室内空气与围护结构内表面之间的允许温差(℃)，对于居住建筑的外墙，取 6.0；R_i 为围护结构内表面换热阻，取 0.11 $\mathrm{m^2 \cdot K/W}$。

根据以上参数，太原地区的围护结构的最小传热阻限值为

$$R_{0 \cdot \min} = \frac{(t_i - t_e)n}{[\Delta t]} R_i = \frac{(18+14)\times 1.0}{6} \times 0.11 = 0.587\ \mathrm{m^2 \cdot K/W}$$

可见，用永久性保温模板作外保温层时，其热阻高于太原地区所要求的低限热阻。以上计算中，尚未计及内外装修的热阻，因此计算结果是偏于保守的。

(3) 现行节能标准下的传热系数限值

我国 JGJ 26—95《民用建筑节能设计标准(采暖居住部分)》规定：太原地区围护结构的传热系数的限值：当体形系数 s＜3.0 时，K_0 为 1.1 $\mathrm{W/(m^2 \cdot K)}$；s＞3.0 时，K_0 为 0.78 $\mathrm{W/(m^2 \cdot K)}$。而本体系的保温砌块传热系数为 0.498 $\mathrm{W/(m^2 \cdot K)}$，可以满足现阶段节能标准要求。如果考虑同属寒冷地区的北京市执行的建筑节能 65％标准——DBJ 11-602—2006《居住建筑节能标准》的要求，对于 4 层以上建筑，

传热系数限值为 $K_0 \leqslant 0.60\ W/(m^2 \cdot K)$，可见本体系复合剪力墙可以满足节能65%标准要求。

(4) 复合剪力墙与其他围护结构的对比

为了分析复合剪力墙的保温性能，以下将复合剪力墙的热工性能与其他外墙形式进行对比。对比外墙类型有外墙聚苯板保温的普通混凝土结构，以及620砖墙。采用公式(3-6)进行热工计算，其对比结果如表3-1所示。

表3-1　墙体热工计算对比

外墙类型	墙厚/mm	导热系数 /($W \cdot m^{-1} \cdot K^{-1}$)	传热阻 /($m^2 \cdot K \cdot W^{-1}$)	传热系数 /($W \cdot m^{-2} \cdot K^{-1}$)
本保温体系	60＋120＋60	0.067	2.009	0.498
混凝土＋EPS板	140＋50	0.042	1.421	0.704
粘土砖	620	0.81	0.915	1.093

计算结果表明，本体系保温墙模可以满足50%的节能要求，体系传热阻大大高于50 mm厚外墙聚苯板保温的普通混凝土结构及620 mm厚粘土砖外墙传热阻。且本体系保温墙模在保温的同时又免去了拆除模板的时间和费用，因而更具有经济性。

3. 本体系保温性能数值模拟

采用大型有限元软件ANSYS对本体系、外贴50 mm厚EPS板的传统剪力墙体系以及620 mm的砖墙结构在同等温度条件下(室内温度为25℃，相应的自然热传导系数为1.5，室外温度为10℃，相应的自然热传导系数为1.2)作了有限元热分析对比模拟，其结果如表3-2和图3-3～图3-5所示。

表3-2　保温性能对比

体系类型	墙体厚度 /mm	导热系数 /($W \cdot m^{-1} \cdot K^{-1}$)	室内温度 /℃	传热后温度 /℃	温度变化比例 /(%)
本体系	60＋120＋60	0.067	25	21.868	12.5
外贴EPS板	140＋50	0.042	25	21.066	15.7
砖墙	620	0.81	25	20.901	16.4

经上面的计算分析可知永久性复合保温模板能够满足太原地区现阶段保温隔热要求，故从热工方面考虑，墙模壁厚每边采用60 mm设计方案是可行的。

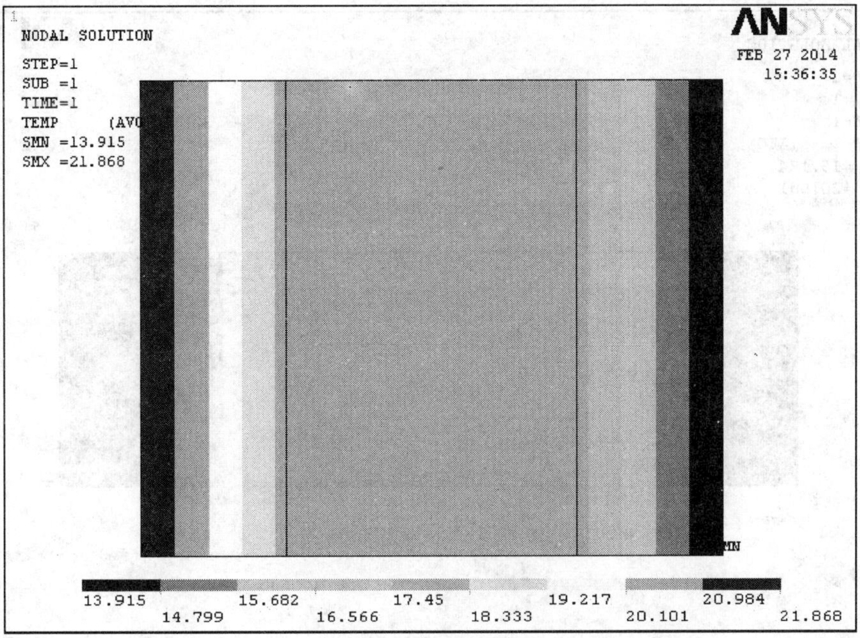

图 3-3　永久性保温墙模剪力墙体系等温线图

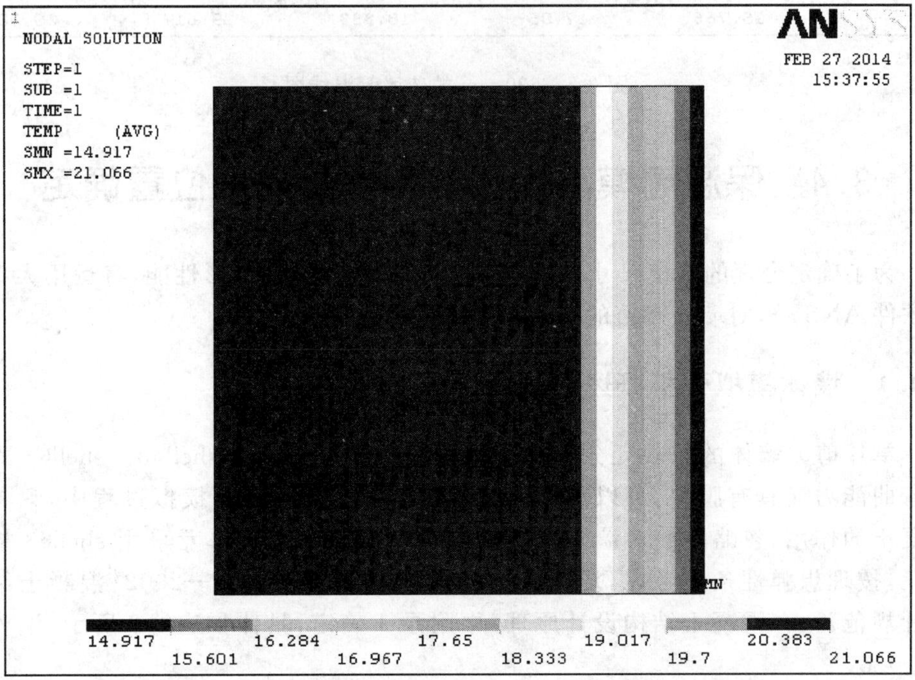

图 3-4　外贴 50 mm 厚 EPS 板普通剪力墙等温线图

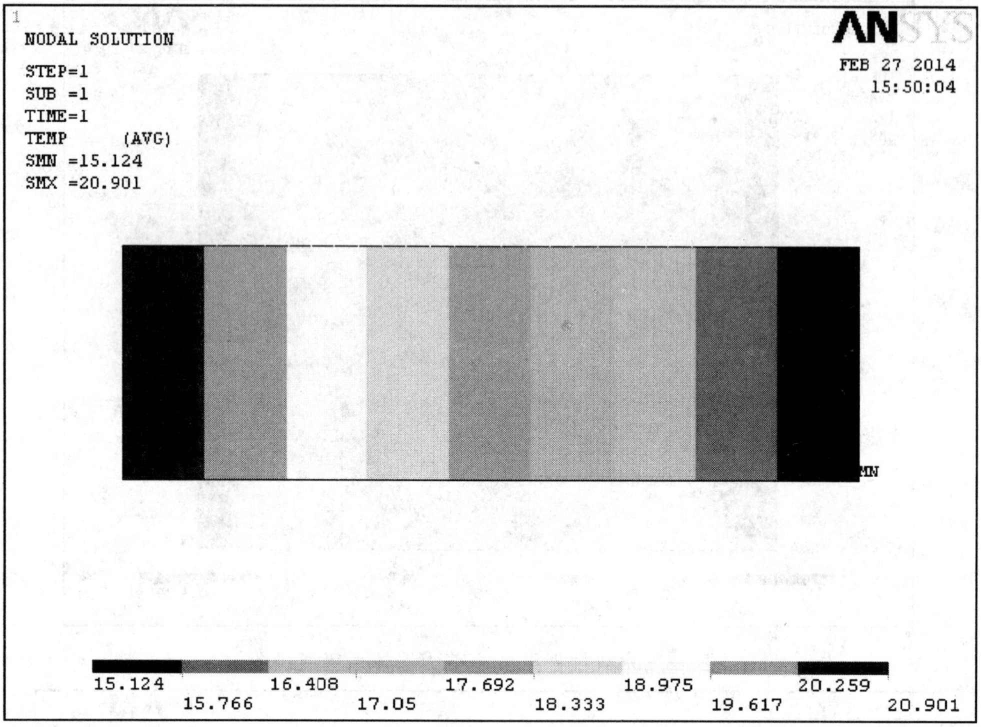

图 3-5　620 mm 的砖墙等温线图

3.4　保温墙模高度及墙模内部隔板位置确定

为了确定合理的墙模尺寸，了解墙模砌筑墙体的受力变形性能，将运用大型分析软件 ANSYS，对墙模砌筑的单片剪力墙进行数值模拟。

3.4.1　墙体模拟分析概述

单片剪力墙体的有限元分析计算过程中采用板壳单元 shell63。shell63 既具有弯曲能力又具有膜力，可以承受平面内荷载和法向荷载。模拟过程中，只考虑混凝土的作用，忽略钢筋对墙体性能的影响。混凝土墙体单元采用 shell63 板壳单元，按理想弹性条件考虑，混凝土材料性能参考 GB50010—2002《混凝土结构设计规范》，由《混凝土结构设计原理》中附录 1 确定，具体如表 3-3 所示，泊松比 ν 取 0.3。

表 3-3　混凝土强度标准值、设计值、弹性模量[87,88]

混凝土种类	标准值/($N \cdot mm^{-2}$)		设计值/($N \cdot mm^{-2}$)		弹性模量 ($\times 10^4\ N/mm^2$)
	受拉强度	受压强度	受拉强度	受压强度	
C20	1.54	13.4	1.10	9.6	2.55
C25	1.78	16.7	1.27	11.9	2.80
C30	2.07	20.1	1.43	14.3	3.00
C35	2.20	23.4	1.57	16.7	3.15
C40	2.39	26.8	1.71	19.1	3.25
C45	2.51	29.6	1.80	21.1	3.35
C50	2.64	32.4	1.89	23.1	3.45

(1) 竖向荷载作用下墙体的设计[89]

分析剪力墙受竖向荷载时，墙体肢厚比 b/b_w（其中墙肢宽度 b，厚度 b_w）、墙肢高宽比 h/b（h 是墙肢高度）、轴压比 U_w（$U_w = N_w / f_c \cdot A$），其中 $A = b \cdot h$，N_w 为总竖向荷载）、水平向开缝数目、竖直向开缝数目、开缝大小 6 个因素分别改变，比较各因素对墙体位移和应力影响的显著性。其中轴压比的改变主要是通过改变竖向荷载的大小来实现。各影响因素的设计变化范围如表 3-4 所示。部分模型如图 3-6 所示。

表 3-4　墙体位移及应力影响因素

因素 / 水平	肢厚比 (b/b_w)	高宽比 (h/b)	N_w /kN	水平向开缝数目	开缝大小（缝高变化）
1	5.0	3.3	800	0	A
2	5.6	3.1	900	1	B
3	6.0	3.0	1 000	2	C
4	6.5	2.0	1 100	3	D
5	7.5	1.0	1 200	4	—
6	8.0	0.8	1 300	5	—

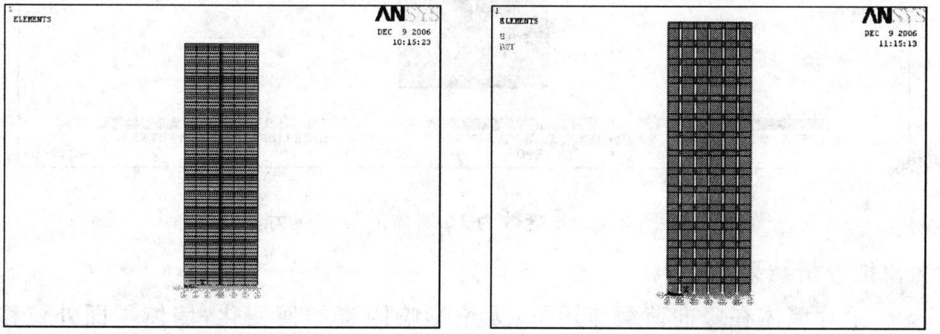

(a) 开缝数为0墙体　　(b) 开缝数为5墙体

图 3-6　水平向不同开缝数墙体模型

(2) 水平荷载作用下墙体的设计[90]

对剪力墙而言，当墙体较高时，其受力性能类似一根悬臂柱，在水平荷载作用下主要以弯曲变形为主；当墙体较矮时，其受力性能和梁、柱有明显的区别，在水平荷载作用下主要以剪切变形为主。

为使墙体水平荷载—位移关系曲线数值模拟分析简单易行，特作如下基本假定：①当墙体剪跨比 $h/b \leqslant 1$，墙体以剪切变形为主；②墙体具有足够的抗弯能力；③只对混凝土墙体进行模拟，忽略钢筋的销栓作用；④剪应力沿墙体水平截面均匀分布。

当墙体承受水平荷载较小时，墙体中的应力和弹性解十分接近，钢筋的应力非常小，可用弹性理论进行模拟分析，墙中的剪应力可认为主要由混凝土承担。

水平荷载作用下剪力墙体受力变形性能的影响因素与竖向荷载作用下的相同，各影响因素的设计变化范围如表 3-4 所示。部分模型如图 3-7 所示。

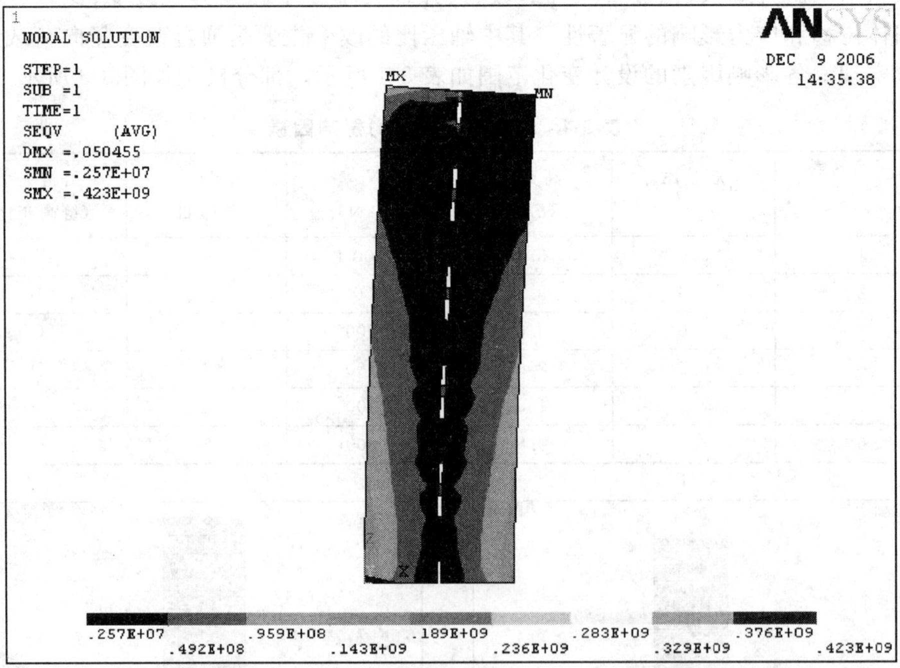

图 3-7　开缝数为 10 墙体的等效应力

模拟分析结果如下：

- 单片墙体在竖向荷载作用下，无论影响因素如何变化，墙体平面外位移（y 方向）为零，墙体没有出现平面外失稳现象，说明墙体平面外稳定性良好。

当竖向开缝数目和开缝形式变化时，不同墙体位移变化不明显；当水平向开缝数目、肢厚、墙高、竖向荷载改变时，不同墙体 x 方向位移变化明显，变化趋势呈线性关系，而 z 方向位移变化不明显；各墙体应力较大值均出现在开缝周围的墙体连梁部位，即设计破坏部位。

- 水平荷载作用下，要使单片墙体在相同荷载作用下位移和应力同时达到较小，墙体开缝的个数不宜过多，开缝数多于 10 个以后，最大应力和位移都有明显提高，虽然开缝数大于 20 个后应力的最大值有下降趋势，但是墙体位移却达到了最大值；若开缝少于两个，剪力墙的刚度会有显著降低。因此，开缝时，既要保证有墙模肋部的软弱部位，还要合理控制软弱部位的个数及其大小，软弱部位太小则作用不明显，太多则应力变大。剪力墙开缝后的刚度和应力值不仅与开缝数有关，而且与剪力墙的高度和墙模隔板的大小有关。

3.4.2　保温墙模外形尺寸

通过对比墙体的受力变形情况，确定永久性保温墙模的外形尺寸。如图 3-8 和图 3-9 所示。

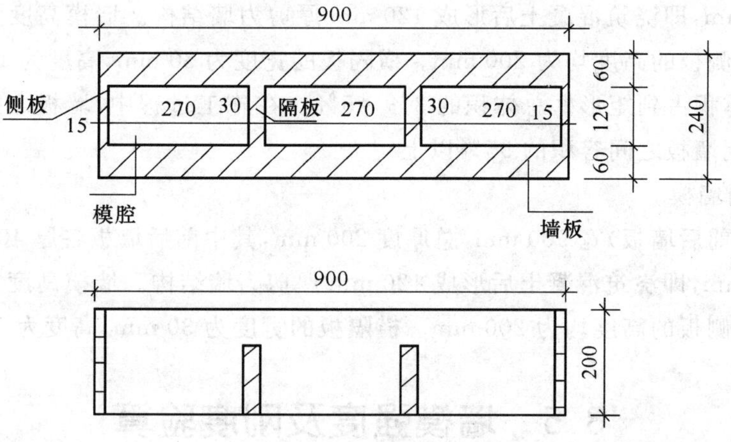

图 3-8　外墙模示意图

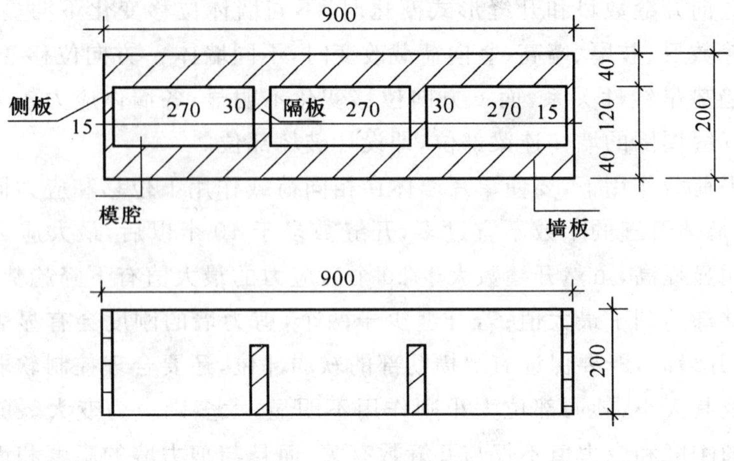

图 3-9　内墙模示意图

墙模由墙板、侧板和横隔板组成。前后墙板与左右侧板构成矩形框，两块横隔板设置在矩形框底部，将矩形框分隔成三个空腔。如前所述，墙模区分内外墙模，具体外形尺寸如下：

（1）外墙模

墙模（前后墙板）宽 900 mm，总厚度 240 mm，其中保温墙板各厚 60 mm。内部空腔 120 mm，即浇筑混凝土后形成 120 mm 厚剪力墙结构。墙模高度为 200 mm，前后墙板、侧板的高度均为 200 mm。横隔板的宽度为 30 mm，高度为 120 mm。两横隔板的体积占到矩形框总体积的 3%～5%。在施工过程中，墙板之间填充的混凝土可达到墙板之间容积的 95%以上。

（2）内墙模

墙模（前后墙板）宽 900 mm，总厚度 200 mm，其中前后墙板各厚 40 mm。内部空腔 120 mm，即浇筑混凝土后形成 120 mm 厚剪力墙结构。墙模高度为 200 mm，前后墙板、侧板的高度均为 200 mm。横隔板的宽度为 30 mm，高度为 120 mm。

3.5　墙模强度及刚度验算

本保温砌块作为一种新型模板，同时又是墙体的一部分，必须具有足够的承载能力、刚度和稳定性，能可靠地承受新浇筑混凝土的侧压力以及在施工过程中所产生的荷载。同时墙模砌块要求构造简单，便于钢筋的绑扎、安装和混凝土的浇筑。

3.5.1　设计荷载

设计墙模板时，主要考虑新浇混凝土对模板侧面的压力和倾倒混凝土时产生的荷载。

(1) 新浇混凝土对模板侧面的压力

我国《混凝土结构工程施工及验收规范》中以流体静压力原理为基础给出了混凝土侧压力公式。新浇混凝土作用于模板的最大侧压力，按下列两式计算，并取两式中较小值[91]：

$$F=0.22r_c t_0 \beta_1 \beta_2 V^{\frac{1}{2}} \tag{3-9}$$

$$F=r_c H \tag{3-10}$$

式中，F 为新浇混凝土对模板的最大侧压力，单位为 kN/m^2；r_c 为混凝土的重力密度，单位为 kN/m^3；t_0 为新浇混凝土的初凝时间，单位为 h；可按 $t_0=\frac{200}{T+15}$ 计算（T 为混凝土浇筑时的温度，单位为℃）；V 为混凝土的浇筑速度，单位为 m/h；H 为混凝土的侧压力计算位置处至新浇筑混凝土顶面的总高度，单位为 m；β_1 为外加剂影响修正系数，不掺外加剂时取 1.0，掺具有缓凝作用的外加剂时取 1.2，本书中取 1.0；β_2 为混凝土坍落度影响修正系数，当坍落度小于 30 mm 时取 0.85，50～90 mm 时取 1.0，110～150 mm 时取 1.15。本书中采用高流动性自密实混凝土，因此取 1.15。

(2) 倾倒混凝土时产生荷载标准值

倾倒混凝土时对垂直模板产生的水平荷载按表 3-5 采用。

表 3-5　倾倒混凝土时产生的水平荷载

项次	向模板中供料方法	水平荷载/($kN \cdot m^{-2}$)
1	用溜槽、串筒或导管输出	2
2	用容量 0.2 m^3 及小于 0.2 m^3 的运输器具倾倒	2
3	用容量 0.2 m^3 至 0.8 m^3 的运输器具倾倒	4
4	用容量大于 0.8 m^3 的运输器具倾倒	6

3.5.2　设计规定

(1) 荷载分项系数

计算模板及其支架强度时用荷载设计值，计算刚度时用荷载标准值。设计值等于荷载标准值乘以荷载分项系数。荷载分项系数包括：新浇混凝土对模板侧面的压力，取值为 1.2；倾倒混凝土时产生荷载，取值为 1.4。

(2) 参与模板荷载效应组合的各项荷载

参与模板荷载效应组合的各项荷载如表 3-6 所示。

表 3-6　荷载效应组合

项　目	荷载类别	
	计算强度时使用	计算刚度时使用
大体积结构、柱(边长>300 mm)、墙(厚>100 mm)的侧模	1+2	1

注:表中的 1 指新浇混凝土对模板侧面的压力,2 指倾倒混凝土时产生的荷载。

(3) 计算规定

模板系统的设计计算,确定计算简图时,要根据模板的具体构造。计算模板刚度时,允许变形值为:结构外露表面模板小于等于 $L/400$(L 为模板构件跨度);结构隐蔽表面模板小于等于 $L/250$[92]。

3.5.3　墙模强度及刚度验算

1. 荷载设计值

(1) 新浇混凝土的侧压力

根据墙体的施工要求和模板的受力特点,墙体混凝土浇筑时分层浇筑,每次 1.0 m。混凝土侧压力标准值计算如下:

$$r_c=25\ \text{kN/m}^3,t_0=\frac{200}{25+15}\ ℃,V=1.5\ \text{m/h},H=1.0\ \text{m},\beta_1=1.0,\ \beta_2=1.15$$

则有:$F=0.22r_c t_0\beta_1\beta_2 V^{\frac{1}{2}}=0.22\times25\times\dfrac{200}{25+15}\times1.0\times1.15\times1.5^{\frac{1}{2}}=38.73\ \text{kN/m}^2$

$$F=r_c H=25\times1.0=25\ \text{kN/m}^2$$

取二者较小值 $F=25\ \text{kN/m}^2$ 作为新浇混凝土对模板的侧压力标准值。

因此,混凝土侧压力设计值为 $1.2\times25=30\ \text{kN/m}^2$。

(2) 倾倒混凝土时产生的水平荷载

考虑输送混凝土下落过程中产生的水平荷载标准值为 4 kN/m²,则荷载设计值为 $1.4\times4=5.6\ \text{kN/m}^2$。

(3) 荷载组合值

$q=1.2\times25+1.4\times4=35.6\ \text{kN/m}^2$。

2. 计算简图

墙模中浇筑混凝土后,由于隔板的存在,隔板将形成对墙板的约束。墙模墙板可以简化为 300 mm 的等跨连续梁。模板设计规定:凡超过三跨的模板按三跨连续梁计算,计算简图如图 3-10 所示。墙模在混凝土浇筑过程中受到侧压力,最下面的受力最大，所以取墙模最下面一层的砌块作为最不利处进行验算，梁截面按照保温模板的规格，取 200×60 mm。

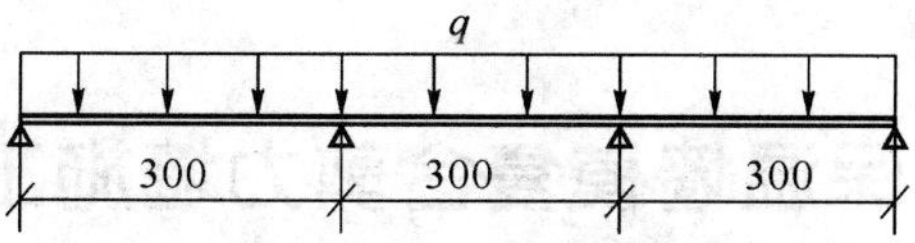

图 3-10　三等跨连续梁计算简图

3. 强度、刚度校核[93]

(1) 计算公式

弯矩的计算公式为

$$M=kql^2 \tag{3-11}$$

式中，M 为构件的弯矩，单位为 kN·m；k 为系数，根据《等截面等跨连续梁在常用荷载作用下的内力系数表》查得 $k=0.10$；l 为每一跨的跨度，单位为 mm。

刚度的计算公式为

$$\delta_{\max}=K_{\mathrm{f}}\times\frac{ql^4}{100EI} \tag{3-12}$$

式中，$\delta_{\max}$为模板的最大挠度，单位为 mm；E 为材料的弹性模量，单位为 N/mm²，保温板材料的弹性模量取 1.5×10^2 N/mm²；I 为惯性矩，单位为 mm⁴；K_{f} 为系数，查得 0.677。

(2) 强度、刚度验算

强度计算为

$$W=\frac{bh^2}{6}=\frac{200\times60^2}{6}=1.2\times10^5\ \mathrm{mm}^3$$

$$q=35.6\times0.2=7.12\ \mathrm{kN/m}$$

$$M=kql^2=0.10\times7.12\times(0.3-0.03)^2=0.052\ \mathrm{kN\cdot m}$$

模板最大应力为

$$\sigma=\frac{M}{W}=\frac{0.052\times10^6}{1.2\times10^5}=0.433\ \mathrm{N/mm^2}<f_{\mathrm{b}}=0.451\ \mathrm{N/mm^2}$$

即墙模抗弯强度满足要求。

刚度计算为

$$q=30\times0.2=6\ \mathrm{kN/m}$$

$$I=\frac{bh^3}{12}=\frac{200\times60^3}{12}=3.6\times10^6\ \mathrm{mm}^4$$

得模板最大挠度为

$$\delta_{max}=K_f\times\frac{ql^4}{100EI}=\frac{0.677\times6\times(300-30)^4}{100\times1.5\times10^2\times3.6\times10^6}=0.40\ \text{mm}<L/400=\frac{300-30}{400}=0.675\ \text{mm}$$

即墙模刚度满足要求。

3.6 保温墙模复合剪力墙施工技术

3.6.1 概述

保温墙模复合剪力墙体系是一种结合我国房屋建筑的设计施工经验和节能发展要求，自主研制开发的模板保温一体化新型建筑体系。该建筑结构体系的施工，既结合了传统的砌筑施工工艺、钢筋施工工艺、混凝土浇筑施工工艺，又有所创新和不同。为了在复合剪力墙结构的施工中做到安全适用、技术先进、经济合理、施工方便，本书将结合本体系实验楼工程的施工，提出复合剪力墙结构体系的施工工艺。

3.6.2 施工准备

1. 材料准备

- 保温墙模应满足：保温墙模的抗压强度大于 0.65 MPa，抗折强度大于 0.45 MPa，常温下自然养护龄期应不少于 28 天，热窑养护后静置龄期应不少于 20 天。保温墙模应有产品合格证和质量检测证明，其尺寸允许偏差、外观质量应分别符合表 3-7 和表 3-8 的规定。

表 3-7 墙模尺寸允许偏差

项目	长度/mm	宽度/mm	高度/mm	对角线/mm
优等品	≤±2	≤±2	≤±1.5	≤±3
合格品	≤±4	≤±4	≤±1.5	≤±4.5

表 3-8 墙模外观质量标准

项目名称		优等品	合格品
缺棱掉角	数量(块)	0	≤2
	三个方向投影最小值/mm	0	≤20
垂直度		≤1	≤3
弯曲度		≤3	≤4

- 复合剪力墙建筑结构所用钢筋应符合现行国家标准《混凝土结构设计规范》的规定，应有出厂产品合格证和材质检验单，并应按规定进行复试，确认合格后方可使用。所用的地锚钢筋网片、竖向和水平钢筋网片应点焊连接并应符合现行标准《钢筋焊接及验收规程》的规定。施工现场应按规格码放钢筋，应采取措施防止钢筋锈蚀和污染。
- 砌筑墙模的砌筑砂浆应符合下列要求：宜采用强度等级 32.5 以上普通硅酸盐水泥，水泥应有产品合格证，并应按规定进行复试，确认合格后方可使用；应采用中砂或细砂，砂的质量及检验方法应符合现行标准《普通混凝土用砂质量标准及检验方法》的规定，含泥量应不超过 2%；玻化微珠的性能应满足地方标准 DBJ 04-250—2007《玻化微珠保温砂浆应用技术规程》的要求；胶粘剂可采用聚合物乳液；应采用不含有害物质的自来水。
- 混凝土材料应符合下列要求：宜采用强度等级 32.5 以上普通硅酸盐水泥；可采用碎石或卵石，粒径不宜大于 16 mm，含泥量等限值应符合现行标准《普通混凝土用碎石或卵石标准及检验方法》的规定；应采用中砂或粗砂，含泥量应不超过 3%；应采用 I 级低碱粉煤灰，并应有合格证及试验报告，性能指标应符合 GB/T 1596 的有关规定；应采用不含有害物质的自来水（冬季施工应用热水）；外加剂应符合国家现行标准要求，并应经混凝土试配，性能合格方可使用。

2. 施工准备

① 保温墙模应根据施工进度要求分层配套运入施工现场，装卸时不得倾卸和抛掷，墙模堆放场地应夯实并便于排水，堆放高度应不超过 2 m。

② 基础施工前应校核建筑物的放线尺寸。

③ 砌筑保温墙模前应熟悉施工图纸，并应根据墙体尺寸、楼层标高、门窗洞口尺寸及位置、组合柱的位置等编制墙模排列图。

④ 应加工墙模的清扫孔，清扫孔应在墙模的一侧，间距为 200 mm，尺寸为 130×120 mm。

⑤ 砌筑墙模前，应对基础和预埋竖向钢筋进行检查验收，符合要求后方可砌筑墙模。

⑥ 砌筑墙模前，应在墙体的阴阳角处立好皮数杆。皮数杆应标志墙模的皮数，灰缝厚度以及门窗洞口、过梁、圈梁和楼板等部位的位置。

⑦ 应准备好施工机具和起重设备，如搅拌机、砂浆机、刀锯、水平仪、线坠、皮数杆、胶皮锤等，以及塔吊、汽车吊、混凝土泵或泵车、浇筑灰斗等。

⑧ 砌筑砂浆应采用机械搅拌，搅拌时间不得少于 2 min；砂浆的粘结强度应不

小于 1.0 MPa，稠度值宜为 7～8 mm；应在拌成后 2 h 内用完，在使用中出现泌水现象应重新拌合。

⑨ 应采用免振自密实混凝土，应根据混凝土强度等级、耐久性和工作性要求按现行标准《普通混凝土配合比设计规定》进行配合比设计和试配，试验合格后方可应用。

3.6.3 复合剪力墙施工

1. 施工工艺流程

保温墙模复合剪力墙结构体系的施工流程图如图 3-11 所示。

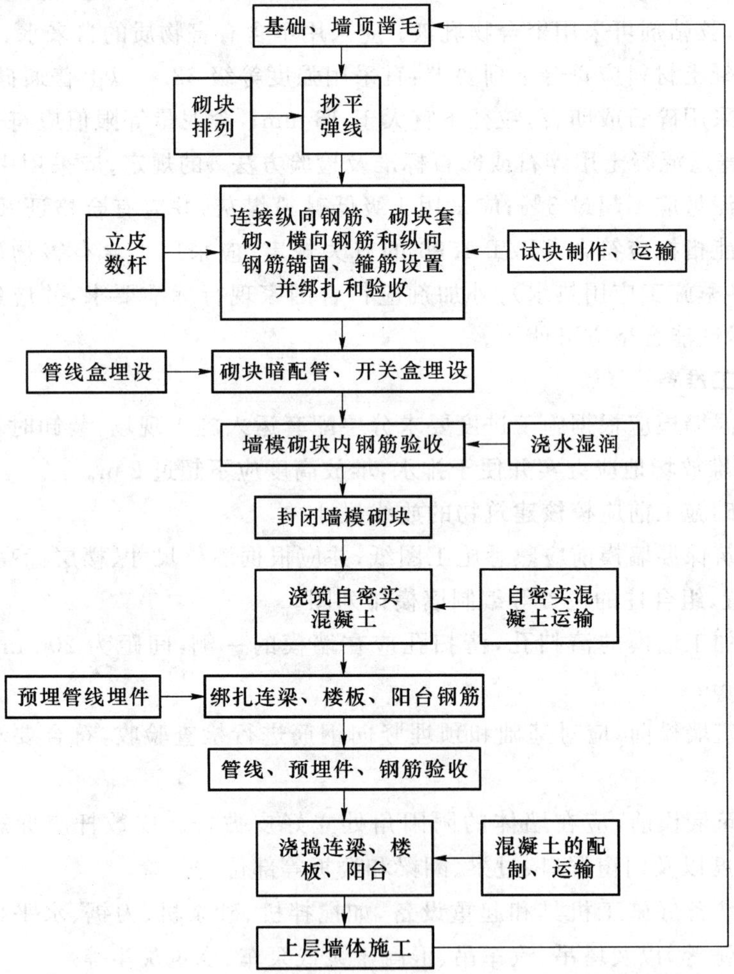

图 3-11 施工流程

2. 复合剪力墙施工要点

(1) 墙模砌块砌筑的施工要点

① 砌块砌筑前，应根据砌块高度和灰缝厚度计算皮数，制作皮数杆，并将皮数杆竖立于墙的转角处和交接处，皮数杆间距宜小于 15 m，标高的偏差应不大于 5 mm。

② 全部墙体应平行砌起，砌块层必须水平，砌块层正确位置用皮数杆控制，每楼层砌完后必须校对一次水平、轴线和标高，在允许偏差范围内，其偏差值应在楼板顶面调整。内、外墙可同时砌筑，纵横墙应直样对接，砌筑后应用胶浆抹对接缝。

③ 砌筑高度应根据施工季节的气温、风压、墙体部位等不同情况分别控制，日砌筑高度不宜超过 1.5 m。

④ 砌块砌筑前不需浇水，当天气炎热且干燥时，可提前喷水湿润。

⑤ 必须遵守"正砌"的原则，每皮砌块应使其顶面朝上。墙体洞口上部应放置 2 根直径为 6 mm 的钢筋，伸过洞口两边长度分别不小于 500 mm。

⑥ 地梁上和每层楼面上的第一层墙模应全部有清扫口，外墙清扫口应朝向内侧，内墙清扫口的朝向应一致。

⑦ 砌块的砌筑应按事先排好的砌块顺序逐皮砌筑，并应严格按照一般砌筑工程的操作要求，保证砌筑质量。因本体系施工时先绑扎竖向钢筋，砌筑时由上而下套砌，套砌时应按顺序小心进行，以免损坏砌块，影响墙的整体强度。墙模砌块的主要规格为 900 mm×240 mm×200 mm 和 900 mm×200 mm×200 mm，墙厚等于砌块的厚度，其砌筑形式只有全顺一种，即各皮墙模砌块均为顺砌，上下皮竖缝相互错开 1/3 砌块长，上下皮砌块孔洞相互对准(图 3-12)。

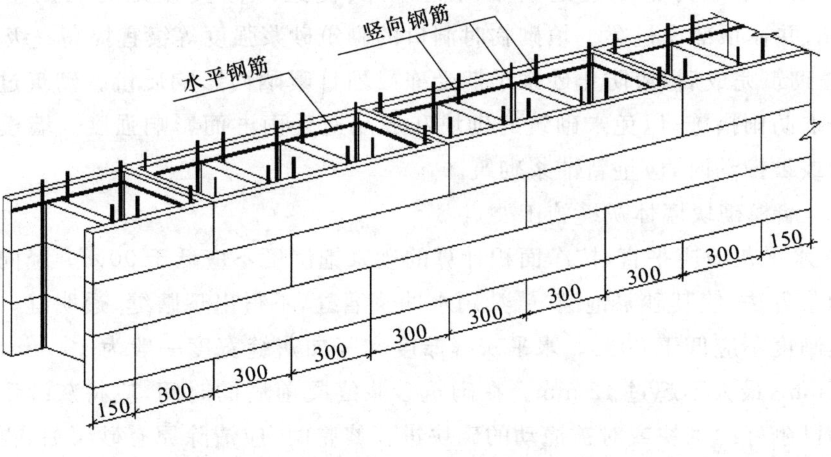

图 3-12　墙模砌块砌筑形式及其中钢筋的绑扎方法

⑧ 墙模砌块墙的T交接处、十字交接处及L形墙角，每隔两皮应设置两根直径为6 mm的拉结钢筋。拉结钢筋伸入墙体内不小于500 mm，以加强砌块墙体的整体性。拐角处的砌筑形式如图3-13所示。

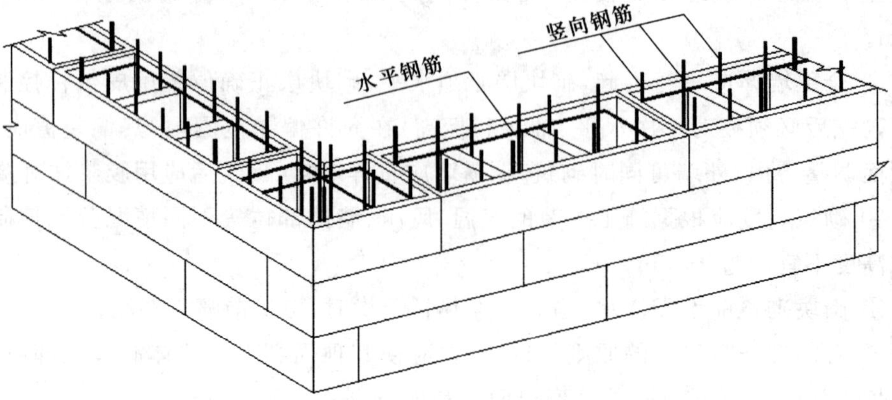

图3-13　T形拐角处的砌筑形式

⑨ 墙模砌块墙的转角处和交接处应同时砌起，如不能同时砌起，则应留置斜槎，斜槎的长度应不小于斜茬高度的2/3。

⑩ 墙模砌块墙表面不得预留或打凿水平沟槽，对设计规定的洞口、管道、沟槽和预埋件，应在砌筑墙体时根据砌块排列顺序砌筑事先加工好的砌块。

⑪ 砌筑墙模墙体时，应搭双排脚手架。不得在墙模墙体上设置脚手架孔，可在圈梁、组合柱上预留8号铅丝，待浇筑混凝土后用来固定脚手架。

⑫ 墙体中作为施工通道的临时洞口，其侧边距离交接处的墙面不应小于600 mm，并在顶部设过梁。填砌临时洞口的砌筑砂浆强度等级宜提高一级。

⑬ 砌筑完成后，应防止砂浆早期受冻或烈日曝晒而影响质量。砌筑过程中应注意采取防雨措施，以免未砌筑的砌块和成品遭受雨淋而影响强度。墙模墙体需要移动或被撞动时，应重新铺浆砌筑。

(2) 墙模砌块墙体灰缝施工要点

① 水平灰缝应平直，按净面积计算的砂浆饱满度不应低于90%。竖向灰缝应采用加浆方法，使其砂浆饱满，严禁用水冲浆灌缝，不得出现瞎缝、透明缝。竖缝的砂浆饱满度不应低于80%。水平灰缝厚度和竖向灰缝宽度一般为10 mm，最小不小于8 mm，最大不超过12 mm。在砌筑砂浆终凝前后的时间，应将灰缝刮平。需要移动已砌好的砌块或对被撞动的砌块进行修整时，应清除原有砂浆后，再重新铺浆砌筑。

② 砌筑时依照皮数杆拉通线砌筑。砌筑时水平灰缝铺设砂浆的长度应与砌块规格相适应，竖向灰缝应在已就位和即将砌筑的端头的端面同时铺砂浆，随即用挤浆法将砌块就位。

③ 铺灰长度应为 450 mm（一块墙模一铺），严禁用水冲浆灌缝，不得采用石子、木楔等物垫塞灰缝。

④ 应采用砌筑胶浆勾缝，勾缝深度不宜大于 3 mm，并应平整密实。

（3）纵向及水平钢筋绑扎

地梁（圈梁）浇筑混凝土前应预埋墙体竖向锚固筋网片。锚固筋网片高出地梁（圈梁）上平面应不小于 48 d，间距应为 170 mm，锚固筋网片应垂直于该墙体轴线。在墙模的清扫口内，竖向钢筋网片应与锚固钢筋网片搭接绑扎，竖向钢筋网片的上端应与墙体水平钢筋网片或圈梁纵筋绑扎。应根据层高加工竖向钢筋网片，网片长度应包括伸入圈梁的长度和上层的搭接长度，层高范围内竖向钢筋网片不得搭接。水平钢筋绑扎于砌块模腔中，每砌筑一层墙模应铺设一层水平钢筋网片，边砌筑边绑扎。水平钢筋起到固定竖向钢筋的作用，以免浇筑混凝土时钢筋移位，同时构成带缝剪力墙内的钢筋骨架。墙模中水平及竖向配筋如图 3-14 所示。

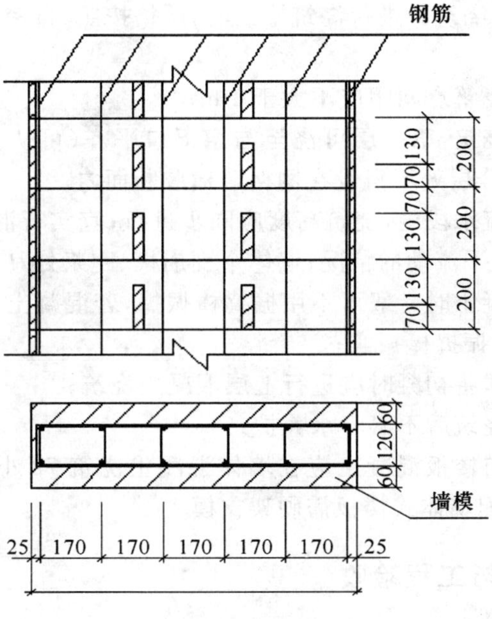

图 3-14　模腔中配筋示意图

施工前应对操作人员进行详细的技术交底。与一般工程不同,水平钢筋每砌一皮砌块进行一次绑扎,所以,水平钢筋应分皮进行隐蔽工程验收,质量检查人员要跟班检查,确保墙体的整体质量。

(4) 混凝土浇筑施工要点

浇筑墙体混凝土前,应做如下准备工作:

① 应检查墙体砌筑的粘接强度和抗压强度,需达到胶浆强度的规定值;

② 应将清扫口内的落地砂浆、垃圾及杂物全部清除干净,并用钢模板封堵支牢;

③ 应在墙体一侧钻观察孔(孔径可为 50 mm 、水平间距不宜大于 2 m、高度间距不宜大于 1.5 m),应用木塞将观察孔堵严以备检查混凝土浇筑质量;

④ 应向墙模墙体孔内喷洒配合比例为 2 : 1 的水泥浆,以达到孔壁湿润为准;

⑤ 门窗洞口的侧面和上面应用模板封严,并应有牢固的支撑;

⑥ 施工流水分段处应用细钢丝网封堵、绑牢;

⑦ 必须将各处缝隙封严堵实。

浇筑墙体混凝土应符合下列要求:

① 墙模墙体砌筑完成不少于 24 小时、墙模墙体及钢筋铺设经检验合格后方可浇筑墙体混凝土,并应通知质检及监理人员监督混凝土浇筑;

② 混凝土坍落度应大于 220 mm ,扩展度应大于 650 mm ,排空时间 8～12 s。应在拌成后 1 小时内浇筑。进行浇筑施工时,严格按照《自密实混凝土应用技术规程》标准执行;

③ 墙体混凝土浇筑点间距应不大于 1 m;

④ 可采用分层浇筑,第一层可浇至与窗下口平齐(可从窗下口处浇筑),以上部分可分两次浇筑,分层处不得设在网格墙横肢断面内;

⑤ 在一个施工流水段内,浇筑高度应同步进行;宜实行混凝土定量浇筑,并应有专人检查混凝土水平流动的情况;墙体个别崩模、跑浆处,应及时采取封堵措施;

⑥ 浇筑墙体混凝土时一般可不用振捣棒振捣,若混凝土流动不良或在钢筋密集处可用钢钎或小号振捣棒振实;

⑦ 下层混凝土即将初凝时应进行上层混凝土浇筑;

⑧ 墙体混凝土浇筑后不必喷水养护;

⑨ 常温下圈梁与楼板混凝土应在墙体混凝土浇筑 72 小时后浇筑,楼板施工需满堂支模,采用装配整体式楼板需硬架支模。

3.6.4 施工质量与工程验收

- 工程施工质量验收应符合现行国家标准《建筑工程施工质量验收统一标准》的规定。

- 施工单位对进入现场的墙模验收应按现行国家标准《砌体工程施工验收规范》的规定执行。
- 通用项目及常规工程质量验收应符合现行国家标准《砌体工程施工质量验收规范》和《混凝土结构施工质量验收规范》的规定。
- 墙体面层的质量验收应符合现行行业标准 JGJ 144《外墙外保温施工技术规程》的规定。
- 砌筑胶浆和混凝土验收应符合下列规定：混凝土测试应按现行国家标准《普通混凝土拌合物试验方法标准》的规定执行；每一楼层或每 250 m^3 砌体、每种强度等级的砌筑胶浆和混凝土应至少有一组试件；混凝土抗压强度应以标准养护龄期为 28 天的标准试块抗压试验结果为依据；砌筑胶浆的抗压强度及稠度应根据设计要求配制后进行试验，试验合格后方可应用，其任意一组试块的抗压强度不得低于设计值的 80%；应经清扫孔、观察孔、门窗洞口或现场随机取样检测混凝土浇筑质量，若发现墙体有蜂窝、空洞，应剔凿墙模墙面（面积为不小于 400 mm×400 mm ）做进一步检查，并应按技术方案处理后重新做保温层。
- 墙模墙体的外观质量应符合下列要求：墙面应平直、严格按模数排块；墙面应保持清洁，灰缝应密实、深浅一致，横竖缝交接处应平整；预留孔洞、预埋件、预埋管道的位置应符合设计要求。
- 墙模墙体的偏差应不大于表 3-9 规定的允许偏差。

表 3-9　墙模砌块墙体的允许偏差

<table>
<tr><th colspan="3">项目</th><th>允许偏差/mm</th><th>检查方法</th></tr>
<tr><td colspan="3">轴线位置偏移</td><td>10</td><td>经纬仪、拉线、尺量检查</td></tr>
<tr><td colspan="3">基础和墙体顶面标高</td><td>±15</td><td>水准仪和尺量检查</td></tr>
<tr><td rowspan="3">垂直度</td><td colspan="2">每层</td><td>5</td><td>线坠和 2 m 靠尺托线板检查</td></tr>
<tr><td rowspan="2">全高</td><td>≤10 m</td><td>10</td><td rowspan="2">经纬仪、线坠、尺量检查</td></tr>
<tr><td>>10 m</td><td>20</td></tr>
<tr><td colspan="3">表面平整度</td><td>5</td><td>2 m 靠尺托线板检查</td></tr>
<tr><td colspan="3">水平灰缝平整度</td><td>5</td><td>10 m 拉线和塞尺检查</td></tr>
<tr><td colspan="3">水平抹灰厚度（连续五皮累计）</td><td>±6</td><td>与皮数杆比较尺量检查</td></tr>
<tr><td colspan="3">竖向灰缝（水平方向五皮累计）</td><td>±5</td><td>尺量检查</td></tr>
<tr><td rowspan="2">门窗洞口</td><td colspan="2">宽度</td><td>±5</td><td rowspan="2">尺量检查</td></tr>
<tr><td colspan="2">高度</td><td>±5</td></tr>
<tr><td colspan="3">外墙上下窗口偏移</td><td>20</td><td>经纬仪或吊线检查</td></tr>
</table>

3.7 本章小结

经过分析和学习各国的模板保温一体化做法，研究开发了一种永久性保温墙模。区分外墙模与内墙模的不同功能，选用不同配比的原材料和不同厚度的无机保温材料，结合数值模拟、热工计算结果及试验数据，对墙模进行设计。主要进行了以下工作：

考虑墙模的保温功能，通过热工和经济性计算确定了墙模的厚度，计算表明永久性保温模板可以达到节能65%标准要求。保温效果优于当前广泛使用的外墙外保温技术。该保温做法可以避免产生冷桥、霜冻、淌水、发霉等现象，同时结构施工与保温工程施工同时完成，不必另设保温层，减少了一道工序，劳动强度大大降低，加快施工进度，降低工程造价，提高了经济效益。另外，保温墙模采用无机保温材料，保温层与结构同寿命。

运用ANSYS程序对不同参数复合墙进行数值模拟，通过对比墙体的受力变形情况，确定了合理的墙模外形尺寸。该墙模已获得国家实用新型专利。

根据墙体施工要求及模板受力特点，采用合理的计算模型和简化方法，选用适用的荷载值对其进行受力分析，验算模板的强度、刚度，计算结果表明保温墙模具有一定的抗弯性能和抗变形能力，可以用作永久性模板承担浇筑混凝土时所产生的外力，成型后不拆除，与混凝土有良好的粘结性能，能共同承受外部荷载。

该建筑结构体系的施工，既结合了传统的砌筑施工工艺、钢筋施工工艺、混凝土浇筑施工工艺，又有所创新和不同。本章提出了复合剪力墙体系施工工艺，分析了需要解决的问题，着重介绍了施工技术难点的解决。

第4章 永久性墙模复合剪力墙轴向受压性能研究

本章介绍了复合剪力墙轴压试验研究及模拟分析，旨在通过复合剪力墙和普通剪力墙的轴压试验研究，了解不同高宽比复合剪力墙在轴向压力作用下的承载能力，确定复合剪力墙的破坏形态，验证单片复合剪力墙在轴向荷载作用下的平面外稳定性。同时，制作与复合剪力墙形状尺寸、配筋、约束条件相同的单片纯剪力墙试件，进行对比试验，确定墙模对内部混凝土的复合增强作用。最后通过有限元软件 ANSYS 建立剪力墙模型，进行弹塑性分析，从而确定复合剪力墙在轴向荷载作用下的破坏过程及破坏模式。

4.1 试件设计

4.1.1 试件尺寸及配筋

参考清华大学保温墙模现浇钢筋混凝土网格剪力墙承重体系的研究方法[94]，试件尺寸最终确定为高 3 000 mm 和 1 400 mm，宽 900 mm，高宽比为 3.333 和 1.556，厚为 120 mm(混凝土内核厚度)。单片高剪力墙设计高度为 3 000 mm，由于试验条件限制，无法完成多层住宅剪力墙体缩尺模型试验，只能根据一般建筑层高 3.0 m 的实际情况进行单层墙体试件的试验；墙片宽度 900 mm 是根据单个轻骨料混凝土永久性保温墙模的长度而设计确定。本次试验确定轴压试件为 12 片(带墙模剪力墙试件 10 片，普通剪力墙 2 片)，各试件具体参数如表 4-1 所示。

玻化微珠保温墙模复合剪力墙是由墙模内灌注的免振捣自密实混凝土和墙模共同组成。墙模内灌注的免振捣自密实混凝土由山西大学提供配合比，其设计强度等级为 C30。对免振捣自密实混凝土的要求是：坍落度大于 22 cm，混凝土具有较好的流动性，和易性好，不发生离析泌水现象。按照 GB 50010—2002《混凝土结构设计规范》规定[88]，剪力墙配制 ϕ6 光圆钢筋作为分布钢筋，剪力墙体的纵向配筋率 1.9%，横向配筋率为 0.24%。

4.1.2 试件应变片布置

对低剪力墙和高剪力墙体试件而言，应变片的布置位置是不同的，但是在设计布置应变片的钢筋上，同一位置处，都是沿钢筋环向对称布置两片应变片。

轴压试验试件设计参数如表 4-1 所示。

表 4-1 轴压试验试件设计参数

试件编号	厚度/mm	高度/mm	宽度/mm	高宽比	混凝土强度/(N・mm^{-2})	备注
Z1	120	3 000	900	3.333	33.1	无墙模
Z2	120	1 400	900	1.556	32.5	无墙模
ZM1	120	3 000	900	3.333	32.8	内墙模
ZM2	120	3 000	900	3.333	33.8	内墙模
ZM3	120	3 000	900	3.333	34.1	内墙模
ZM4	120	3 000	900	3.333	33.5	外墙模
ZM5	120	3 000	900	3.333	34.6	外墙模
ZM6	120	3 000	900	3.333	33.1	外墙模
ZM7	120	1 400	900	1.556	31.9	外墙模
ZM8	120	1 400	900	1.556	32.1	外墙模
ZM9	120	1 400	900	1.556	33.0	内墙模
ZM10	120	1 400	900	1.556	33.1	内墙模

注：Z 代表普通剪力墙试件，ZM 代表保温墙模剪力墙试件。

4.2 试验概况及试验过程

4.2.1 试验设备及量测仪器

采用长春试验机有限公司生产的微机控制电液伺服 5 000 kN 长柱压力试验机（型号 YAW-5000）加载。该长柱压力试验机有一套完整的液压加载系统，主要由油泵、油箱、管路系统、阀门、液压千斤顶等组成。压力机净空高度 10 m，最大加载能力 5 000 kN，其优点是量程大，采用计算机控制，使用方便，试验结果精度高。

数据量测仪器基本上由三个部分组成：感受部分、放大部分及显示记录部分。

感受部分是把直接从测点上感受到的被测信号传给放大部分；放大部分是通过各种元器件（机械的、电子的或光学的）转换放大后传给最后部分；显示记录部分是启动指针或数码管或屏幕等进行指示、显示或通过记录设备进行记录。

本次试验试件的平面外位移量测采用百分表，钢筋应变量测采用电阻应变计，应变采集采用型号为 CM-1A-10 静态电阻应变仪。

4.2.2　试验概况

单片剪力墙试件轴压试验在太原理工大学结构实验中心 YAW-5000 型微机控制电液伺服压力试验机上进行，试验机相对误差不超过±1%。在试验前先对应变片进行标定，标定常数稳定，不随时间或温度而改变。应变片在＋5%(±50 000 μm/m)的应变量程内精度可达到±1 μm/m。

试验时，轴压试件在反复小荷载下进行对中以达到轴心受压的效果。加载方式：在轴向力为 150 kN 以前，采用位移控制；轴向力超过 150 kN 后，采用轴向力控制，每级荷载为 30 kN。每级荷载的持荷时间为 30 s，接近破坏时则采用慢速连续加载。当荷载达到最大值(极限值)，试验机的压力指针开始回转以后，仍继续向千斤顶油缸送油，直到试件出现裂缝而丧失承载能力。

为了测出试件的平面外位移，在试件顶部、中部和底部的两侧分别对称布置两个百分表，当试件达到极限承载力时，人工读取并记录试件平面外位移。试件的加载装置如图 4-1 所示。制作完成的试件见图 4-2。试验中钢筋应变数据由 CM-1A-10 静态应变仪记录，试件轴向变形在每加一级荷载后通过长柱试验机读取。

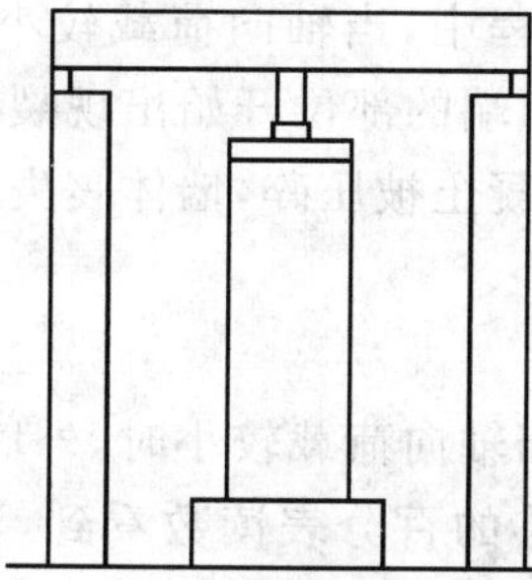

图 4-1　试件加载装置图

图 4-2　墙体试件

4.2.3 试验过程及试件变形描述

1. 低剪力墙

(1) 外墙模复合剪力墙

对高宽比为1.556的低复合剪力墙试件进行轴压试验的过程中，在较低荷载阶段，试件从表面看没有变化；荷载继续加大直至极限承载力之前，由于墙模变形能力强，墙体外部无明显变化；当荷载达到试件的极限承载力，试件表面受压，墙体出现变矮趋势，试件中部没有发生屈曲，试件的破坏是以底端一侧混凝土突然被压碎为标志。整个试验过程中，外墙模与内核混凝土共同工作，两者工作界面没有发生裂缝，表明复合作用良好。

(2) 内墙模复合剪力墙

内墙模低复合剪力墙试件受轴向荷载时，受力变形过程同外墙模低复合剪力墙试件基本相同，内墙模由于强度较高，与内部混凝土复合作用较外墙模剪力墙试件显著。在试验过程中，当竖向荷载较大时，复合墙体外部墙模开始出现微小裂缝。内墙模与内部灌注的自密实混凝土在试验过程中共同受力。内墙模复合墙试件的承载能力高于外墙模复合墙试件。

(3) 普通剪力墙

普通剪力墙试件在试验过程中，当轴向荷载较小时，墙体没有变化；当轴向荷载增大到一定程度，墙体靠近顶端的部位开始出现裂缝，荷载加大，裂缝变宽；轴向荷载继续增加直到墙体顶端混凝土被压碎，墙体丧失承载能力而破坏。

2. 高剪力墙

(1) 外墙模复合剪力墙

在施加轴向力的过程中，当轴向荷载较小时，外墙模高复合剪力墙试件表面没有任何变化，从记录平面外位移的百分表读数看到，当轴向力不大时，墙体无平面外位移。当轴向荷载增加到一定程度，墙体上突然出现竖向裂缝，墙体丧失承载能力。

(2) 内墙模复合剪力墙

内墙模高复合剪力墙试件在轴压试验过程中，外观与外墙模复合剪力墙试件基本相同，墙体表面无明显变形。在轴向荷载下，墙体平面外位移较小，墙体未发生平面外失稳现象，试件的破坏仍然是以墙体突然出现竖向裂缝为标志，此时墙体丧失承载能力。

(3) 普通高剪力墙

普通高剪力墙在试验过程中，当轴向荷载较小时，墙体没有变化；当轴向荷载足够大时，墙体有向一侧发生屈曲的趋势，接着墙体顶端混凝土出现裂缝，随后墙体顶端部位混凝土突然被压碎，墙体破坏。

4.3　试验结果及分析

4.3.1　试验结果

普通剪力墙和复合剪力墙墙体试件破坏时的轴向力 N_u、平面外位移 Δ_H 试验结果列于表 4-2。

表 4-2　试验结果

试件编号	Z1	Z2	ZM1	ZM2	ZM3	ZM4	ZM5	ZM6	ZM7	ZM8	ZM9	ZM10
N_u/kN	1 100	1 440	1 360	1 280	1 300	1 100	980	1 050	1 200	1 180	1 820	1 780
Δ_H/mm	0.76	1.06	1.23	1.12	1.19	1.37	1.14	1.25	1.21	1.17	1.15	1.09

从表 4-2 中可以看出，剪力墙试件即使达到极限承载能力时，平面外位移值也比较小，没有发生失稳现象。

试验过程中，由墙体试件钢筋应变片得到钢筋应变，得到的部分试件的钢筋应变如图 4-3 所示。从图中可知，剪力墙试件中的钢筋只有在墙体破坏时才接近屈服。

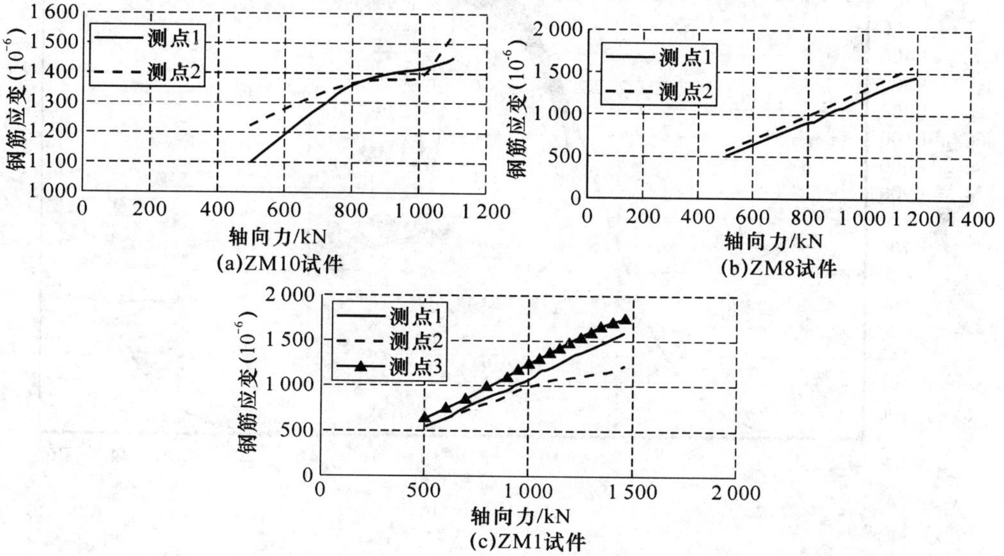

图 4-3　试件中钢筋的应变

因为长柱压力试验机的数据是自动采集,所以根据试验数据可直接获得试件的轴向力—轴向位移曲线,部分试件的轴向力—轴向位移曲线如图 4-4 所示。

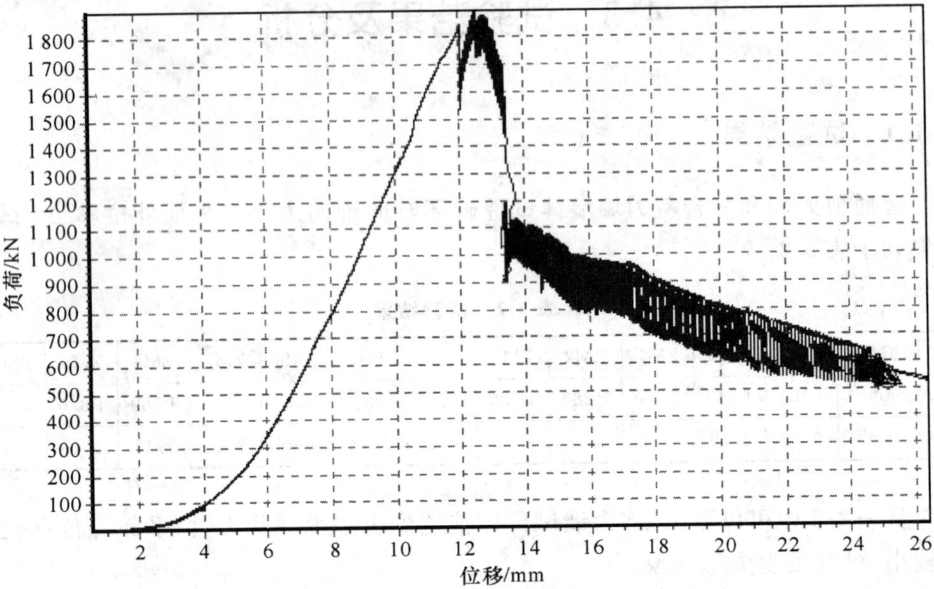

(a)ZM9试件

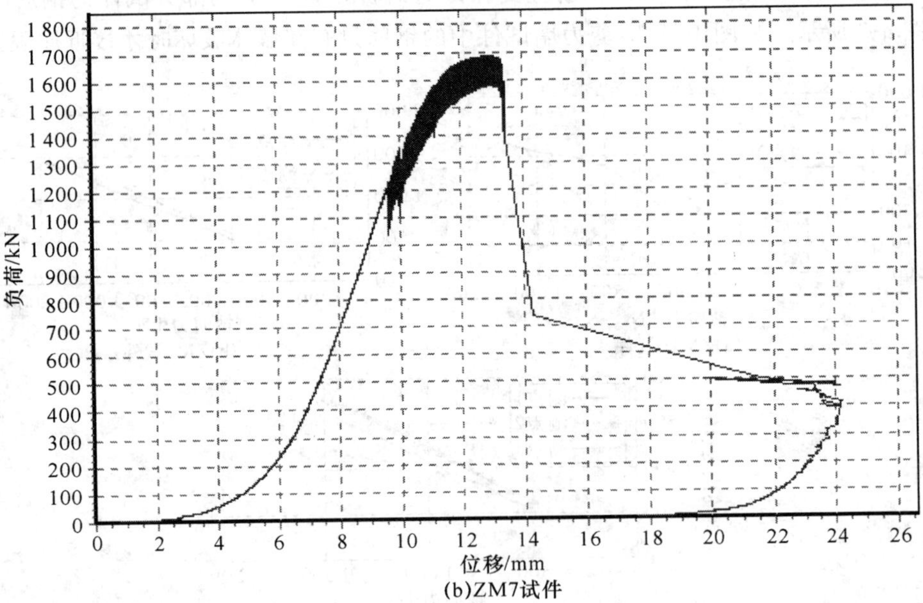

(b)ZM7试件

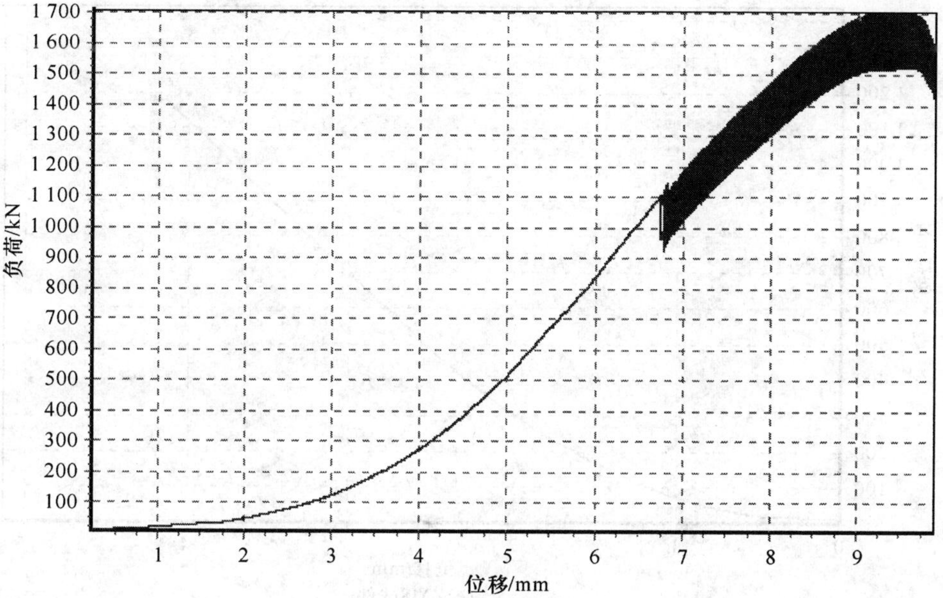

(c)ZM4试件

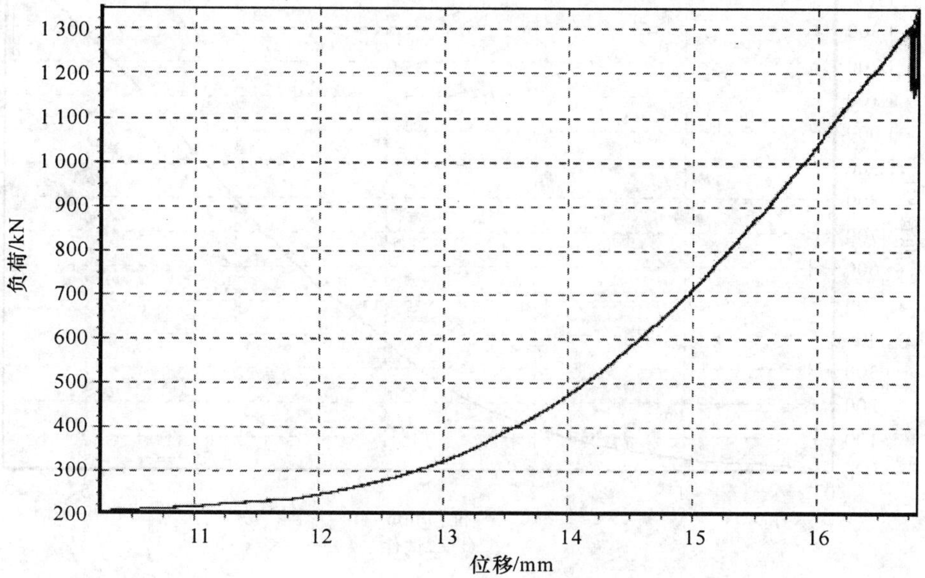

(d)ZM3试件

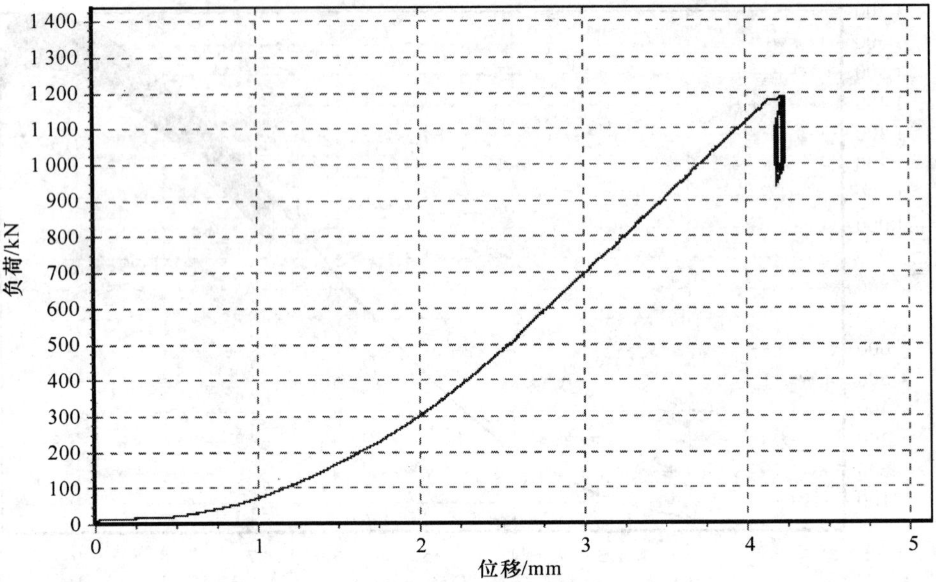

(e)ZM8试件

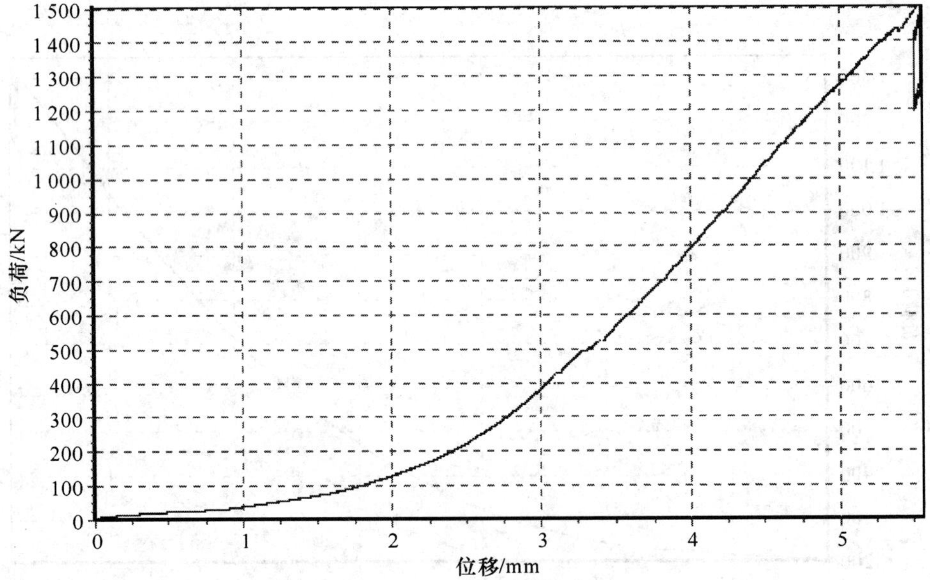

(f)Z2试件

图 4-4　轴向力—轴向位移曲线

4.3.2　结果分析

1. 承载力

轻骨料混凝土永久性保温墙模复合剪力墙轴心受压试件破坏形态与普通钢筋混凝土轴心受压试件不同，正截面受压承载力不能按照《混凝土结构设计规范》中的公式进行计算，需要进一步做专门研究。现只是将试验过程中实际测得的轴压试件承载力，即墙体破坏时的轴向压力列于表4-2。复合剪力墙试件在试验过程中，普遍都表现出承载力较高的特点，当试件达到极限承载力之后并没有马上破坏，而是发生延时破坏(根据试验时间记录，延时长达十几分钟甚至更长)。根据试验记录，试件破坏之后仍具有一定大的承载力，并非不能完全受力，其主要原因是缝的存在缓解了泊松比效应增加的横向应力，因而破坏具有延时性。

2. 位移及平面外稳定性

复合剪力墙主要承受竖向及水平荷载作用。由于这类剪力墙结构存在软弱部位，即永久性保温墙模的隔板位置(肋部)，削弱了剪力墙平面外的抗弯刚度。根据试验的结果，由各试件的平面外位移试验结果可知，轴向荷载较小时，墙体没有平面外位移。从复合剪力墙与普通剪力墙试件的对比试验中得出，普通剪力墙试件发生平面外位移的时间要比复合剪力墙试件早，而且发生平面外位移时的轴向荷载比复合剪力墙试件的小。因此可以说在轴向压力较小的情况下，复合剪力墙由于永久性模板的复合作用使得它比普通剪力墙具有更好的平面外稳定性，不易失稳；在极限承载力时，局部模板虽脱落，但平面外位移仍然较小，未发生失稳。

3. 破坏形态

图4-5(a)是复合剪力墙轴心受压试件的破坏形态。复合剪力墙试件内核混凝土从表面上没有办法看出其破坏形态，只有将进行试验后的复合剪力墙的墙模除去才可以看到。由于墙模与内核混凝土共同工作性能良好，去除墙模的工作特别困难，现只是将一个试件的部分墙模去除(如图4-5(b)所示)，看到自密实混凝土只是在墙模肋部周围墙体连梁处发生微小裂缝。

4. 钢筋应变

从以上各材料和高宽比不同的轴压试件的竖向钢筋应变可以看出，构件破坏时，竖向钢筋的应力基本上都达到了屈服强度，这是因为复合剪力墙从表面看没有变形，普通剪力墙破坏时墙体顶端混凝土被压碎，这种破坏是由于局部应力集中，导致受压破坏发生在该处。从破坏的外观形态看，混凝土是达到极限压应变而被压坏，未出现异常明显的裂缝及破坏现象，构件属于正常受压破坏。

(a)内墙模、外墙模、普通剪力墙试件破坏形态

(b)试件破坏部位内核混凝土

图 4-5　破坏后的试件

4.4　带缝复合剪力墙与普通剪力墙模拟对比分析

本章前述已经从试验角度证明了永久性墙模复合剪力墙体具备了良好的承载力及变形能力。为进一步研究其内部破坏特征，本节将以不带墙模的带缝剪力墙与普通剪力墙做破坏试验模拟，从而对该体系形成的带缝剪力墙的破坏机理有更深入的认识。在本节中用到的剪力墙的有限元基本理论及其输入参数详见本书第 5 章及第 6 章中关于混凝土的参数设置。

4.4.1　试件设计

考虑剪力墙单层墙体试件的外形尺寸为800 mm×1 000 mm～1 780 mm×3 120 mm的试验设计规定，并考虑到便于观察带缝剪力墙墙体的破坏特征，带缝墙及普通墙模型的尺寸为一砖宽度（900 mm），模型尺寸取为900 mm×3 000 mm×120 mm，带缝墙及普通墙各一片，以考察剪力墙试件在轴压下的变形过程和破坏规律。且带缝墙试件不带砌块外模，试件的外形模型如图4-6和图4-7所示。为便于加载，同样在墙体的顶部设有刚性加载梁，尺寸为120　mm×120 mm。

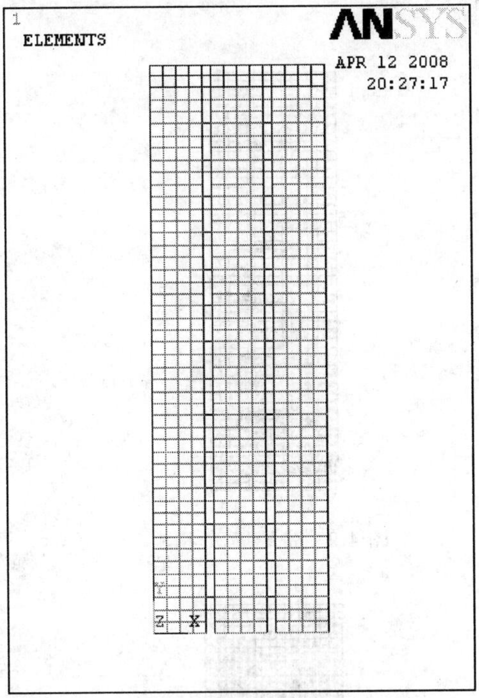

图4-6　带缝墙模型

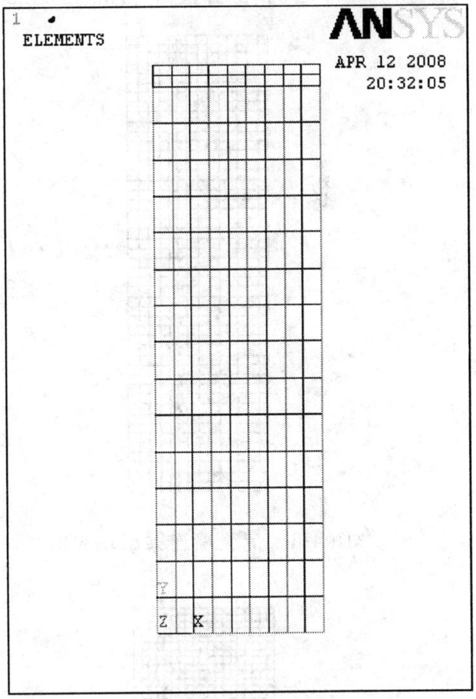

图4-7　实体墙模型

4.4.2　模拟结果分析

1. 破坏描述

带缝剪力墙及普通剪力墙在加载初期外形都没有变化，当带缝剪力墙荷载加至1 030.3 kN时，在试件的中部连梁处开始出现平行于连梁XY面的第一次裂化裂缝（如图4-8所示），随着荷载的逐级加大，在左右两侧连梁处也出现平行于XY面的第一次裂化裂缝，此时端部钢筋受压屈服；继续加载至裂缝布满整个连梁，并从破坏动画图中观察破坏过程，可以看到局部连梁混凝土被压碎；加载至荷载极限(大约在 1 460.3 kN 时)，在试件下方 1/3 部位的混凝土部分被压碎或部分被剪压破坏而丧失承载能力(如图 4-9 所示)。对于普通剪力墙，当荷载加至 1 306.8 kN 时，在墙体左右下脚出现局部混凝土压碎(如图 4-10 所示)，当荷载加至 1 490.5 kN 时，墙体出现大面积平行于 XY 面的压碎裂缝(如图 4-11 所示)，从图中可以看出，裂缝几乎布满整个墙体试件，此时已不能继续加载，该试件承载力丧失，普通剪力墙试件达到破坏。

从极限裂缝的裂化程度可以看出，带缝墙在加载梁附近和下部 1/3 处破坏较为严重，而普通剪力墙整片墙混凝土几乎全被压碎。

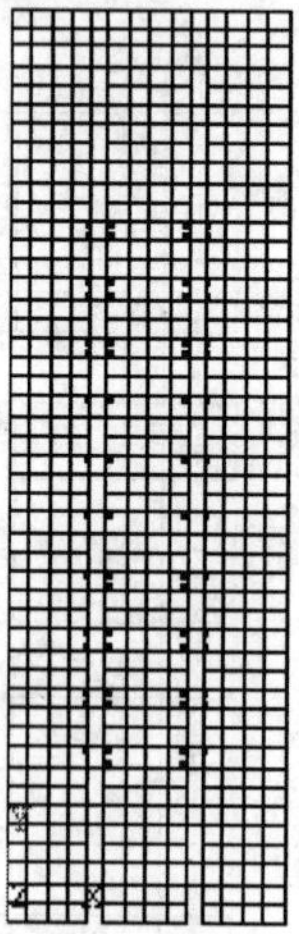

图 4-8　带缝墙连梁出现裂缝

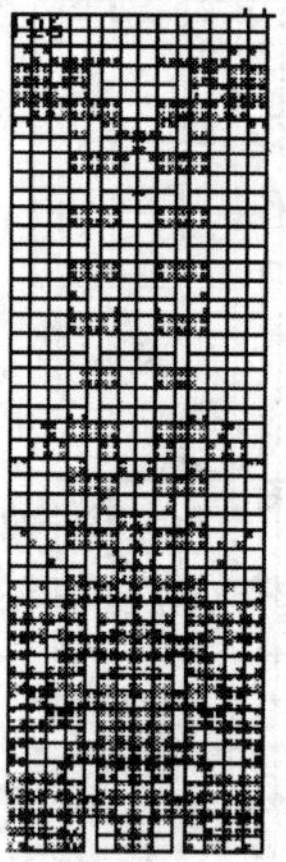

图 4-9　带缝墙破坏图

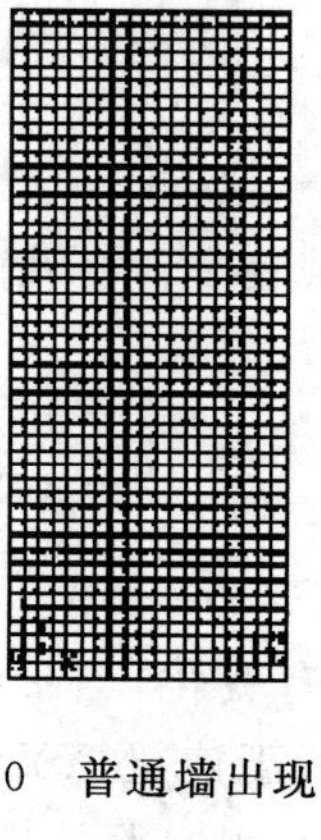

图 4-10　普通墙出现裂缝

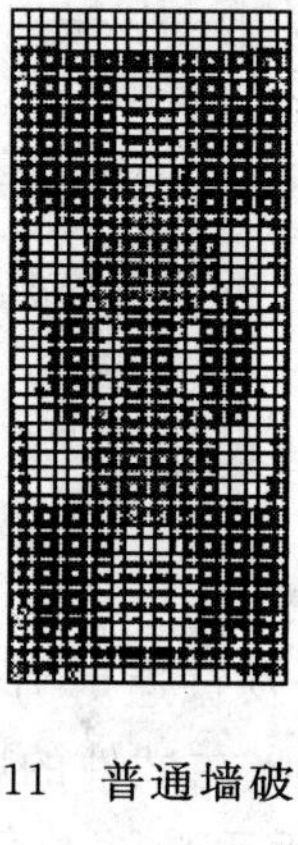

图 4-11　普通墙破坏图

2. 承载力分析

对比有限元与试验结果可知，对承载力的有限元计算结果高于试验数值，这是由于有限元的材料是理想材料。从结果分析上看有限元的极限承载力高于试验的幅度不大于 10％，有限元与试验结果符合较好。

从上面的模拟破坏过程来看，由于缝的存在，普通剪力墙的开裂荷载和极限承载力略高于带缝剪力墙(但这里带缝剪力墙未考虑永久性模板复合作用)。带缝剪力墙在满足基本承载力的条件下，其破坏过程具有明显的延性特征，即连梁首先出现平行于 XY 面的裂缝(其主要原因在连梁处未受荷载，由于泊松比效应而被拉裂)，继而整个连梁在复杂应力状态下破坏(从极限裂缝图中可以看出在一个积分点上出现多向裂化)，而此时形成的各分肢柱破坏却较轻。这也符合体系研制时设定破坏位置的设想，即设计破坏位置首先发生在连梁处。而与此对应的是，普通剪力墙首先在底部两角出现局部竖向裂缝，并且从开裂至极限承载力时几乎没有征兆，整个墙体的混凝土几乎全被压碎，其破坏时间较短，这也与试验所得结果相符。

3. 钢筋应变分析

为了解在整个受压过程中钢筋及混凝土的应变状况，绘制了底部边缘及中部钢筋的应力时程曲线，如图 4-12 和图 4-13 所示。

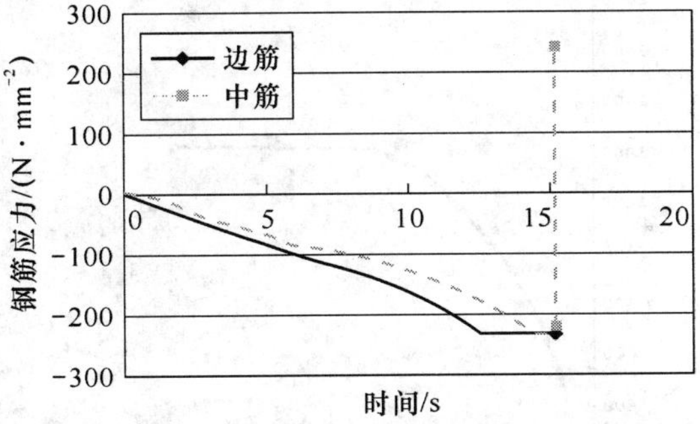

图 4-12　带缝墙底部边缘及中部钢筋的应力时程曲线

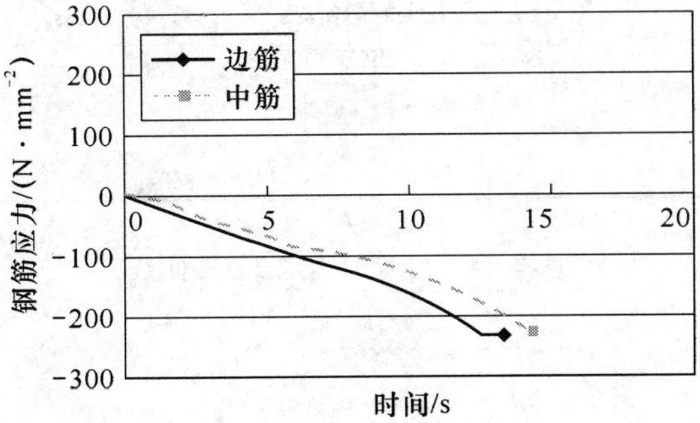

图 4-13　普通剪力墙底部边缘及中部钢筋的应力时程曲线

从图中可以看出永久性墙模带缝剪力墙在破坏时钢筋应力基本都达到了屈服,而普通剪力墙的钢筋应力在破坏时接近屈服或刚刚屈服。这些基本数据与试验取得的数据基本上一致。这证明复合剪力墙能够充分发挥材料的性能。

4. 平面外位移分析

图 4-14 和图 4-15 表示的是试件中部的 Z 方向位移与施加外荷载的关系曲线,从曲线上可以看出,带缝剪力墙试件在达到极限荷载以后,在保持荷载基本不变的情况下,位移变形缓慢增大,显示破坏具有一定的延时性。而普通剪力墙在接近极限荷载时,平面外位移逐渐增大速度较快,时延较短。

通过以上对比分析可以看出,永久性墙模复合剪力墙具有与普通剪力墙同样良好的竖向承载能力,并且从开裂到破坏都具有明显的延性破坏特征,表明带缝剪力墙在轴向受压的情况下受力性能较好。

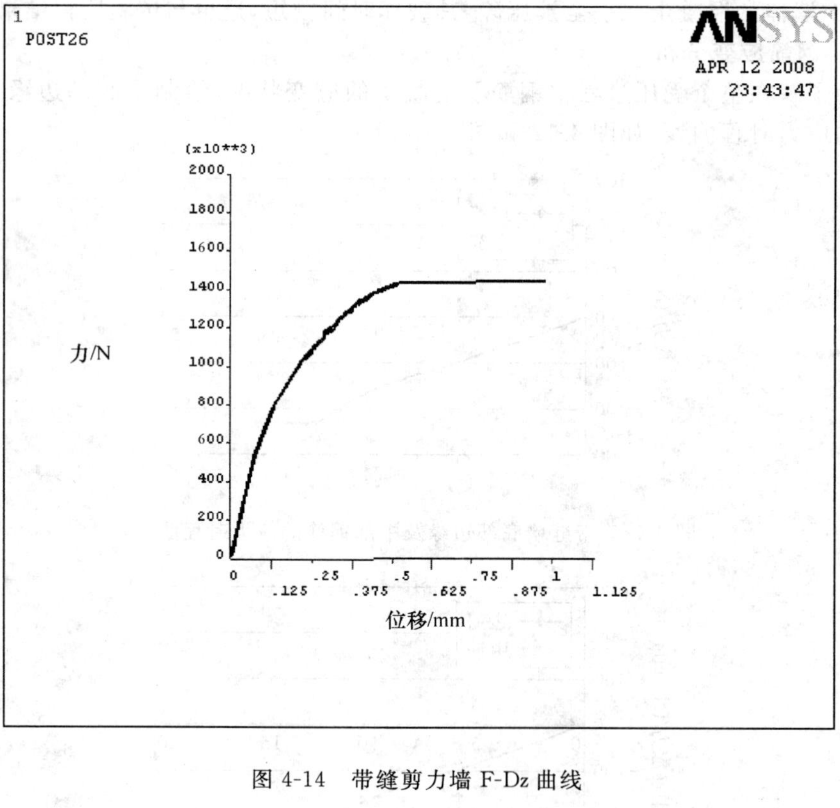

图 4-14　带缝剪力墙 F-Dz 曲线

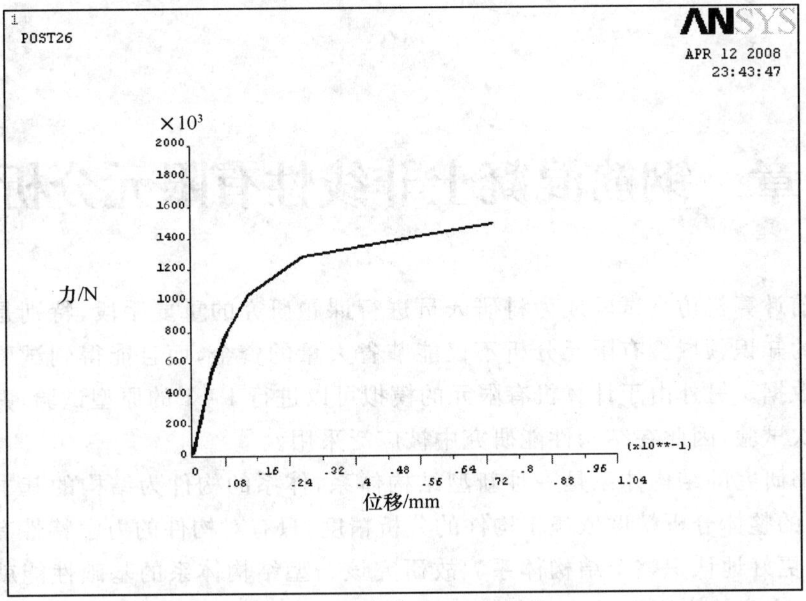

图 4-15　普通剪力墙 F-Dz 曲线

4.5 本章小结

通过对 10 片复合剪力墙试件的轴压试验和有限元模拟，进行了轴向压力下的承载力分析和破坏过程分析，并与普通剪力墙试件进行了全过程破坏对比。通过试验和模拟有以下结论：

在轴向压力作用下，复合剪力墙试件承载能力较高，与普通剪力墙接近，试件达到极限承载力之后并非立即破坏而是发生延时破坏，破坏之后仍具有一定承载力。主要原因是缝的存在缓解了泊松比效应增加的横向应力。

复合剪力墙试件在试验过程中，免拆墙模与内部混凝土墙始终共同受力，两者之间没有裂缝，表明两种材料复合作用良好。

有限元模拟及试验结果均表明带缝剪力墙的破坏位置在免拆保温墙模肋部周围(模拟结论与试验一致)，也就是墙体的连梁部位，与设计破坏模式一致。表明该体系可以预定破坏模式，实现抗震结构控制。

通过复合剪力墙试件与普通剪力墙试件的对比试验和模拟对比，证明复合剪力墙与普通剪力墙相比，轴向承载能力基本相同。

复合剪力墙试件在轴向压力下平面外位移较小，试件未发生平面外失稳现象，墙体试件平面外稳定性良好。一般层高的复合墙在重力荷载作用下不会发生平面外失稳破坏。

第5章 钢筋混凝土非线性有限元分析理论

目前计算机仿真试验成为科研人员进行课题研究的重要手段，特别是对于那些未知的知识领域。有限元分析不仅能节省大量的资金，而且能得到试验上无法测得的数据。另外由于计算机有限元的模拟可以进行 1∶1 的原型试验，并可进行任意多次试验，因此在结构性能研究中被广泛采用。

本书研究的结构体系是一种新型结构体系，体系的构件为结构的基本组成部分，结构的整体分析精度依赖于构件的分析精度，只有对构件的力学特性有充分了解，才能更好地认识整个结构体系。故研究该新型结构体系的基础性能就显得尤为重要。本章将在现场试验研究的基础上，以目前比较通用的有限元软件 ANSYS 软件为基础，对本体系带缝剪力墙进行系统的有限元分析，为体系的推广应用提供理论依据。

5.1 钢筋混凝土非线性问题的基本理论

目前，钢筋混凝土结构有限元分析的单元模型主要有两种：整体式模型、分离式模型[95]。在 ANSYS 有限元中模拟钢筋混凝土主要有两种方式，一是把钢筋认为是弥散于混凝土中的材料，即带筋的混凝土单元；二是将钢筋和混凝土看作是不同的单元，单元之间通过节点单元连接。

5.1.1 单元建模方案

本章在用 ANSYS 建模中采用分离式（Solid65＋Link8）模型[96]。对于研究一种新型结构来说，采用这种分离式模型可揭示钢筋和混凝土之间相互作用的微观机理，这是其他模型无法做到的。分离式模型是把混凝土和钢筋作为不同的单元来处理，即混凝土和钢筋各自被划分成足够小的单元，按照混凝土和钢筋不同的力学性能选择多种不同的单元形式。受到外力作用后，构件中的钢筋和混凝土之间在相互约束的同时会产生相对滑移，为模拟两者之间的这种粘结约束和相对滑移，可插入联结单元（包括双弹簧的联结单元、四结点节理单元、六结点节理单元)。经分析,双弹簧单元和四边形节理单元作为粘结单元均可用于实际结构分析,但当沿钢筋的单元网格划分不均匀时,或者在混凝土和钢筋应用高次插值单元的情况下,四结点和六结点节理单元可以更自然地得到比较协调的刚度矩阵。总体刚度矩阵为

$$[K]=\sum[K_{ce}]+\sum[K_{se}] \tag{5-1}$$

式中,$[K_{ce}]$为混凝土的单元刚度;$[K_{se}]$为钢筋的单元刚度。

5.1.2　钢筋混凝土的单元选取

1. 钢筋单元 Link8

钢筋可采用 ANSYS 中的空间杆单元 Link8 来模拟钢筋。单元 Link8 单元只承受轴向力,此单元有两个节点,每个节点在 X、Y、Z 方向有三个平移自由度。它能够承受弯矩并且应力在杆单元内均匀分布,不承受弯矩和剪力,具有塑性、蠕变、膨胀、应力刚化、大变形、大应变等功能。图 5-1 为单元示意图。Link8 单元包括刚度矩阵与应力刚度矩阵。

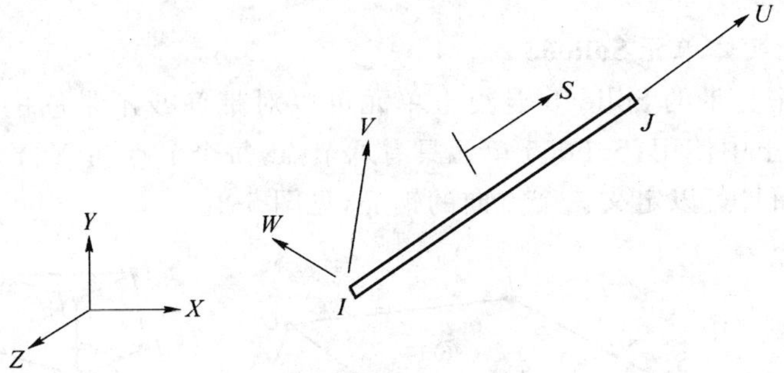

图 5-1　Link8-空间杆单元

(1) 单元刚度矩阵

$$[k_1]=\frac{A\hat{E}}{L}\left[\begin{array}{ccc:ccc}1&0&0&-1&0&0\\0&0&0&0&0&0\\0&0&0&0&0&0\\\hdashline -1&0&0&1&0&0\\0&0&0&0&0&0\\0&0&0&0&0&0\end{array}\right] \tag{5-2}$$

式中,A 为单元截面面积;L 为单元长度;$\hat{E}=\begin{cases}E & \text{杨氏弹性模量(线性状态)}\\E_t & \text{剪切弹性模量(塑性状态)}\end{cases}$。

(2) 单元应力刚度矩阵

$$[S_l]=\frac{F}{L}\left[\begin{array}{ccc|ccc}0&0&0&0&0&0\\0&1&0&0&-1&0\\0&0&1&0&0&-1\\\hline 0&0&0&0&0&0\\0&-1&0&0&1&0\\0&0&-1&0&0&1\end{array}\right] \tag{5-3}$$

式中，

$$F=\begin{cases}AEc^{m} & \text{首次迭代}\\ \text{前一次迭代计算的单元轴力} & \text{随后所有迭代}\end{cases}$$

单元的荷载向量为

$$\begin{aligned}\{F_l\}&=\{F_l^{a}\}-\{F_l^{nr}\}\\ \{F_l^{a}\}&=AE\varepsilon_n^{T}[-1\ \ 0\ \ 0\ \ 1\ \ 0\ \ 0]^{T}\\ \{F_l^{nr}\}&=AE\varepsilon_{n-1}^{el}[-1\ \ 0\ \ 0\ \ 1\ \ 0\ \ 0]^{T}\end{aligned} \tag{5-4}$$

式中，$\{F_l^{a}\}$为施加的荷载向量；$\{F_l^{nr}\}$为牛顿—拉普森修正荷载向量；ε_{n-1}^{el}为前一次迭代的弹性应变。

2. 混凝土实体单元 Solid65

ANSYS 中自带的 Solid65 混凝土单元可以对带筋或不带筋的实体进行三维建模。在混凝土中使用，Solid65 单元具有八节点，每个节点在 X、Y、Z 方向有三个平移自由度，而且可以定义三个方向的钢筋，见图 5-2。

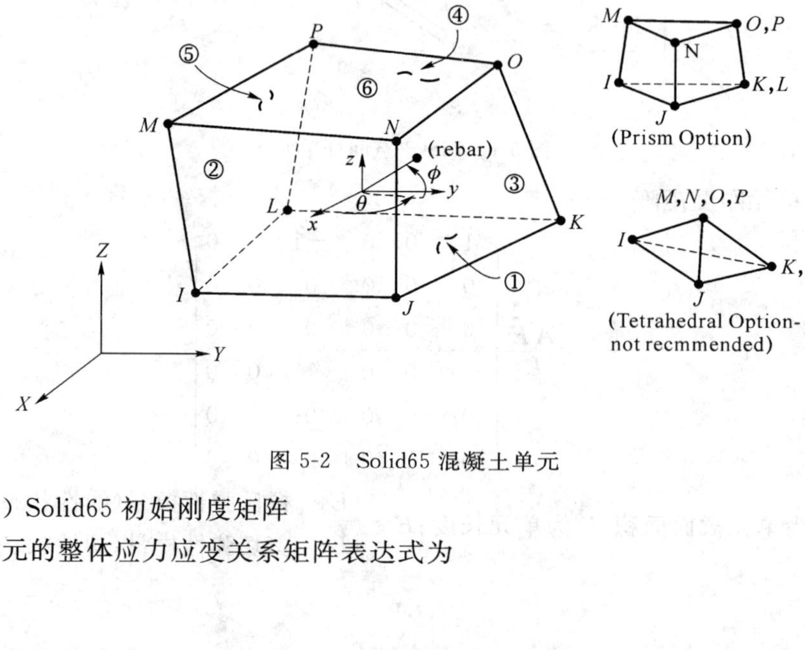

图 5-2 Solid65 混凝土单元

(1) Solid65 初始刚度矩阵

单元的整体应力应变关系矩阵表达式为

$$[D]=\left(1-\sum_{i=1}^{Nr}V_i^{R}\right)[D_c]+\sum_{i=1}^{Nr}V_i^{R}[D_r] \tag{5-5}$$

式中，Nr 为钢筋材料的种数：V_i^{R} 是钢筋的配筋率；$[D_c]$表示混凝土的应力应变关系矩阵；$[D_r]$表示钢筋应力应变关系矩阵。

$$[D_c]=\frac{E}{(1+\nu)(1-2\nu)}\begin{bmatrix}1-\nu & \nu & \nu & 0 & 0 & 0\\ & 1-\nu & \nu & 0 & 0 & 0\\ & & 1-\nu & 0 & 0 & 0\\ & & & \frac{(1-2\nu)}{2} & 0 & 0\\ & \text{对称} & & & \frac{(1-2\nu)}{2} & 0\\ & & & & & \frac{(1-2\nu)}{2}\end{bmatrix} \tag{5-6}$$

式中，E 为混凝土的弹性模量，ν 为混凝土的泊松比，对于混凝土一般取 0.2。

(2) Solid65 裂缝张开后的刚度矩阵

当节点出现裂缝时，通过引入与裂缝面正交的薄弱面以修正刚度矩阵，引入裂缝张开剪力传递系数，它表示随后引起裂缝面剪切滑移荷载强度的折减系数。其刚度表达为

$$[D_c^{ck}]=\frac{E}{(1+\nu)}\begin{bmatrix}\frac{R_t(1+\nu)}{E} & 0 & 0 & 0 & 0 & 0\\ & \frac{1}{1-\nu} & \frac{\nu}{1-\nu} & 0 & 0 & 0\\ & \frac{\nu}{1-\nu} & \frac{1}{1-\nu} & 0 & 0 & 0\\ & & & \frac{R_t}{2} & 0 & 0\\ & \text{对称} & & & \frac{1}{2} & 0\\ & & & & & \frac{R_t}{2}\end{bmatrix} \tag{5-7}$$

这里，符号 ck 表示这个应力应变关系对应的是一个平行于主应力方向 x_{ck} 的坐标体系，它垂直于裂纹面。

钢筋混凝土的实际开裂过程是，当混凝土应力达到受拉强度后，混凝土产生裂缝，混凝土和钢筋之间产生滑移。由于钢筋表面和混凝土间的粘结和摩擦作用，裂缝之间的混凝土犹如附着在钢筋上的小弹簧和钢筋一起承受受拉应力。随着受拉应变的增加，混凝土裂缝逐渐增多，混凝土和钢筋间的滑移充分发展，裂缝间混凝土中的拉应力趋向于零。在图 5-3 开裂状态强度的示意图中，f 为混凝土的单轴

抗拉强度，T_c 为应力松弛系数。f_t 是单轴拉裂应力，R_t 是在拉伸开裂情况下的应力释放因子，以避免平行于裂缝方向上的应力突然降为零。它仅在多轴压碎应力不为零的情况下有效，取默认值 0.6。如果多轴压碎应力为 0，则 $R_t=0$，如果多轴压碎应力为 1，则 R_t 为由图中定义的斜率(割线斜率)。R_t 的作用仅仅是为了加速非线性计算的收敛速度，并不改变开裂后的应力应变关系，这与钢筋混凝土的实际开裂过程是符合的。R_t 随着求解收敛自适应下降并减小到 0。

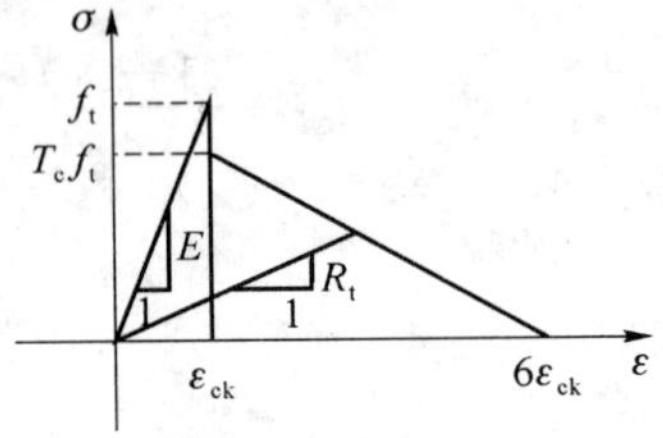

图 5-3　混凝土开裂 $f_t-\varepsilon$ 图

混凝土开裂后的剪力传递能力取决于开裂面的几何性质、开裂面上的应力状况、开裂面错动情况等多种因素。本研究采用裂纹剪力传递系数 β_t、β_c 表示裂纹面的情况，其值在 0～1 之间变化。0 表示光滑，1 表示裂纹面粗糙。在 RC 结构中，β_t 一般取 0.05～0.25[97-99]，由于收敛性问题，本书取 0.2。引入 β_t、β_c 是为了反映混凝土开裂后裂缝是粗糙的，又由于骨料的锁定和暗销作用，裂缝仍具有传递剪力的能力。

(3) Solid65 裂缝闭合后的刚度矩阵

如果裂缝闭合，与开裂面正交的所有压应力将作用于开裂面。此时引入裂缝闭合后的剪力传递系数 β_c，此时$[D_c^{ck}]$表示为

$$[D_c^{ck}]=\frac{E}{(1+\nu)(1-2\nu)}\begin{bmatrix}1-\nu & \nu & \nu & 0 & 0 & 0\\ \nu & 1-\nu & \nu & 0 & 0 & 0\\ \nu & \nu & 1-\nu & 0 & 0 & 0\\ & & & \beta_c\frac{1-2\nu}{2} & 0 & 0\\ & & & & \frac{1-2\nu}{2} & 0\\ & & & & & \beta_c\frac{1-2\nu}{2}\end{bmatrix} \tag{5-8}$$

当出现多条裂缝时，其本构关系矩阵如文献[100]表述。

(4) 裂缝开闭合的判断

积分点上裂缝的出现或闭合通过一个开裂应变 ε_{ck} 来判断，对于在 X 方向可能出现的开裂，这个应变可以如此计算：

$$\varepsilon_{ck}\begin{cases}\varepsilon_x^{ck}+\dfrac{\nu}{1-\nu}(\varepsilon_y^{ck}+\varepsilon_z^{ck}) & \text{若无裂纹产生}\\ \varepsilon_x^{ck}+\nu_z^{ck} & \text{若 } Y \text{ 方向有裂纹}\\ \varepsilon_x^{ck} & \text{若 } Y \text{ 和 } Z \text{ 方向都有裂纹}\end{cases} \tag{5-9}$$

如果 ε_{ck} 小于 0，认为相应裂纹闭合，如果 ε_{ck} 大于或等于 0，认为相应裂纹是打开的。当积分点裂缝第一次发生时，假定是张开的(对下一次迭代)。

(5) 混凝土压碎模型

如果某个积分点上的材料达到单轴、双轴或三轴压应力极限，认为该点被压碎。如果该点被压碎，则认为该积分点所控制的区域完全丧失了全部强度，该部分的刚度“死亡”，进行应力转移。

在本书中，当考虑混凝土在压碎时，计算未达极限荷载便不收敛了。由于混凝土抗拉强度很低，开裂是引起混凝土的最终破坏的主要原因[101,102]，所以本书未考虑混凝土的压碎。

(6) Solid65 单元数据表

Solid65 混凝土材料数据表如表 5-1 所示。

表 5-1　Solid65 混凝土材料数据表

常数	含义
1	裂缝张开剪力传递系数
2	裂缝闭合剪力传递系数
3	单轴抗拉强度
4	单轴抗压强度
5	双轴抗压强度
6	围压大小
7	围压下双轴抗压强度
8	围压下单轴抗压强度
9	拉应力折减系数当 KEYOPT(7)＝1 时有效

ANSYS 中用五个材料强度准则(Willam-Warnke 准则)和静水压力状态来定义混凝土的破坏曲面，五个材料参数分别为单轴抗拉强度、单轴抗压强度、双轴抗压强度、静水压力作用下单轴抗压强度和双轴抗压强度。

采用 Tb,Concr,Mat 定义了 W-W 破坏准则(Failure Criterion)，而没有采用屈服准则(Yield Criterion)。W-W 准则是用于检查混凝土开裂和压碎用的，而混凝土的塑性可以另外考虑(在开裂和压碎之前)。理论上破坏准则(Failure Criterion)和屈服准则(Yield Criterion)是不同的。例如，在高静水压力下会发生相当的塑性变形,表现为屈服,但没有破坏。而工程上又常将二者等同,其原因是工程结构不容许有很大的塑性变形,且混凝土等材料的屈服点不够明确,但破坏点非常明确。

定义 Tb,Concr,Mat 后仅仅是定义了混凝土的破坏准则和默认的本构关系,即 W-W 破坏准则、混凝土开裂和压碎前均为线性的应力应变关系,而开裂和压碎后采用其给出的本构关系。但屈服准则尚可另外定义。进行 ANSYS 极限分析时,屈服准则采用了单轴应力应变的本构关系,同时考虑鲍兴格效应(Bauschinger effect),W-W 准则关闭了对于压碎的判断,即 $f_c=-1$(在围压不很大时有很好的效果)。

5.1.3 加载板单元选择

选用 Solid45 单元模拟加载板,以避免在集中荷载下产生应力奇异现象。

5.2 钢筋和混凝土材料的本构模型

在应用 ANSYS 对钢筋混凝土剪力墙进行非线性分析时,最大的难点在于材料本构模型的准确描述。钢筋混凝土是由钢筋和混凝土两种具有不同物理—力学性能的材料组合而成的复合材料,分析其材料模型首先应把握两者的力学性质。钢筋作为一种金属材料,其力学模型相对容易把握,一般采用双线性随动强化模型。而混凝土作为一种混合材料,其本构模型非常复杂,将在下面的叙述中重点描述。

5.2.1 钢筋的本构关系

钢筋单向拉伸试验的应力—应变曲线可简化为如图 5-4 所示。当应力小于屈服极限 σ_T 时,应力和应变呈线弹性关系(一般假定比例极限与屈服极限重合);而应力达到屈服极限后,应力—应变显示出非线性关系。图 5-4(a)所示为应变硬化材料,图 5-4(b)所示为理想弹塑性材料。

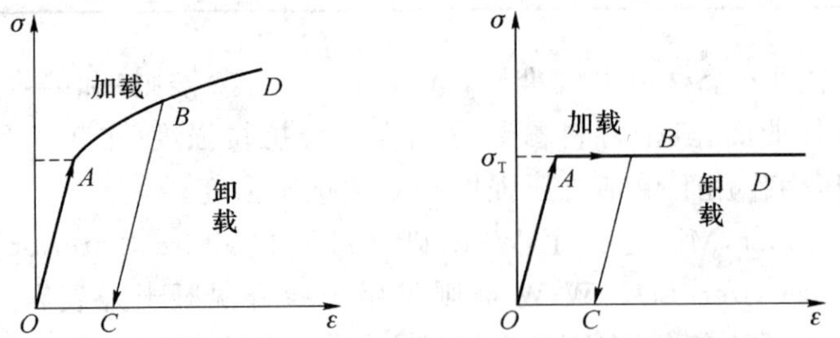

(a)应变硬化材料　(b)理想塑性材料

图 5-4　钢筋的本构模型

有别于弹性性质，材料进入塑性后，经卸载再加载时，应力—应变关系沿 CBD 变化。对于硬化材料显然屈服应力提高了。材料进入塑性后，经卸载并反向加载，材料会再次屈服，对于各向同性材料，再次屈服的应力的绝对值大体上与开始卸载时的应力相等。本书采用理想塑性模型，其屈服点取 235 N/mm^2。

5.2.2　混凝土的本构关系

本构模型的选择与构建至关重要，直接关系到计算模拟的精度。早期对混凝土结构进行有限元分析的实践表明：误差的主要来源是所选用的混凝土本构模型不能很好地描述材料的本构行为。ANSYS 中 Solid65 单元可以使用以下三种本构模型来模拟混凝土单轴受压应力应变关系：①等强硬化模型(Multilinear Isotropic Hardening)；②随动硬化模型(Multilinear Kinematic Hardening)；③Drucker-Prager 模型(DP 模型)。其中多线性随动硬化模型(MKIN)在合理选取参数后可以比较接近混凝土模型。该模型可以描述下降段，反映混凝土的软化。也可以通过合理地采用 σ_1、σ_2 和 σ_3 的值调整本构模型曲线，模拟材料的鲍兴格效应。所以本章采用随动硬化模型来模拟混凝土受压应力应变关系，多线性随动硬化模型如图 5-5 所示。综合比较现有的各种本构关系模型，考虑到钢筋混凝土结构的特点，带缝剪力墙结构非线性有限元分析中采用的是清华大学建议的公式[102,103]构造出的混凝土单轴受压下的应力—应变曲线，如图 5-6 所示。

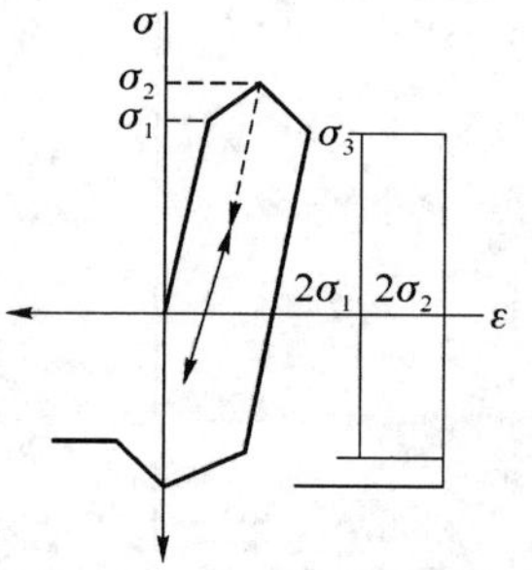

图 5-5　多线性随动强化

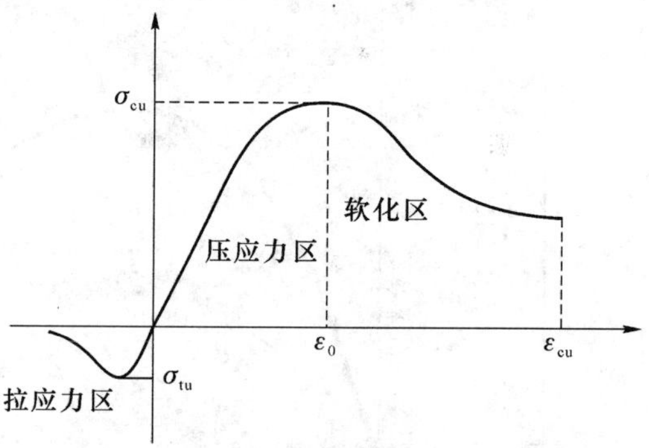

图 5-6　混凝土单元应力应变关系

曲线峰值点处的最大应力即棱柱体的抗压强度，相应的应变为峰值应变，曲线的斜率（割线或切线）为其弹性（变形）模量，初始斜率即初始弹性模量；下降段表明其峰值应力后的残余强度；曲线的形状和曲线下的面积反映了塑性变形的能力。

曲线方程为

$$y=\begin{cases} ax+(3-2a)x^2+(a-2)x^3 & x\leqslant 1 \\ \dfrac{x}{\alpha(x-1)^2+x} & x\geqslant 1 \end{cases}$$ (5-10) (5-11)

且 $$x=\frac{\varepsilon}{\varepsilon_0},\quad y=\frac{\sigma}{\sigma_{cu}}$$ (5-12)

式中，σ_{cu}为峰值压应力；ε_0 为峰值压应力对应应变。

系数 a 和 α 的取值为：当采用 C20 混凝土时，$a=2.2,\alpha=0.4,\varepsilon_0=1.4\times10^{-3}$；当采用 C30 混凝土时，$a=2.2,\alpha=0.8,\varepsilon_0=1.6\times10^{-3}$；当采用 C40 以上混凝土时，$a=1.7,\alpha=2.0,\varepsilon_0=1.8\times10^{-3}$。

当 $\sigma\leqslant0.3\sigma_{cu}(\sigma_{cu}=f_c)$时，其曲线表现为线弹性状态；当 $0.3\sigma_{cu}\leqslant\sigma\leqslant0.8\sigma_{cu}$时，其曲线偏离直线，混凝土表现出明显的非弹性性质，曲线斜率有所减小，但减小不大；当 $0.8\sigma_{cu}\leqslant\sigma\leqslant\sigma_{cu}$时，曲线斜率急剧减小，应力达到最大值；当 $\varepsilon\geqslant\varepsilon_0$ 时，应力明显降低，应变增加较快，当试件的应变 $\varepsilon=(2\sim3)\varepsilon_0$ 时，混凝土的残余强度为$(0.4\sim0.6)f_c$。

本章中所采用的是多线性等向强化 MISO 模型，本构关系如图 5-7 所示。

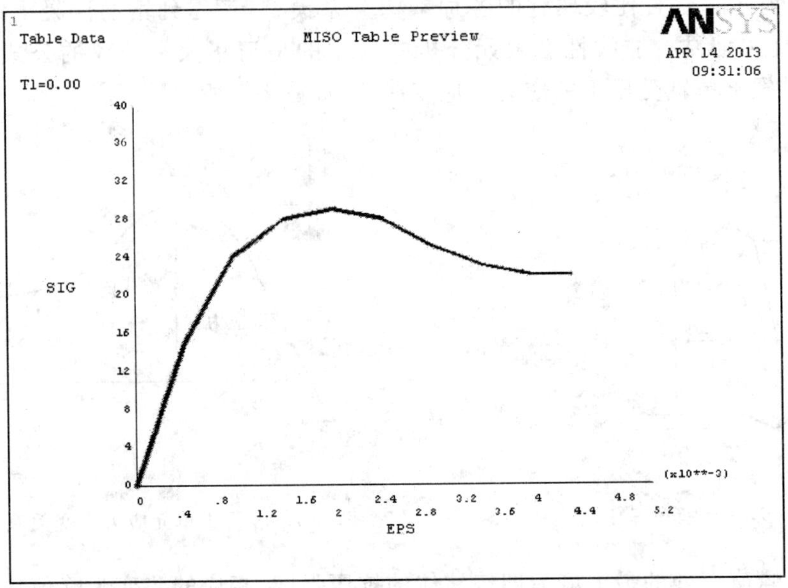

图 5-7 混凝土本构关系

5.3 混凝土模型的破坏准则和裂缝模式

5.3.1 混凝土破坏准则

破坏准则是指判断材料在荷载作用下是否会产生破坏。目前应用的混凝土强度准则有:单参数强度准则(Tresca 准则、Mises 准则)、二参数准则(Mohr-Coulmb 准则、Druker-Prager 准则)、三参数准则(Bresler-Pister 准则)、四参数准则(Ottos-en 准则)、五参数准则(William-Warnke 准则)[104]。

在 ANSYS 有限元分析中采用的是 William-Warnke 五参数破坏准则[105]。这一理论的主要特点是将偏平面上的包络线看作由 6 段圆弧曲线连接而成,各段在 $\theta=0°$ 和 $\theta=60°$ 处都符合连续条件。按照椭圆方程推导得偏平面上应力 r 随 θ 的变化方程:

$$r(\theta)=\frac{2r_c(r_c^2-r_t^2)+r_c(2r_t-r_c)\sqrt{4(r_c^2-r_t^2)\cos^2\theta+5r_t-4r_tr_c}}{4(r_c^2-r_t^2)\cos^2\theta+(2r_t-r_c)^2} \tag{5-13}$$

当 $\theta=0°$,$r(\theta)=r_t$;当 $\theta=60°$,$r(\theta)=r_c$ 分别为同一偏平面上拉、压子午线点至静水压力轴的距离。

拉、压子午线的方程分别为

$$\frac{\tau_{mt}}{f_c}=\begin{cases}a_0+a_1\left(\dfrac{\sigma_m}{f_c}\right)+a_2\left(\dfrac{\sigma_m}{f_c}\right)^2 & \theta=0° \quad (5\text{-}14)\\ b_0+b_1\left(\dfrac{\sigma_m}{f_c}\right)+b_2\left(\dfrac{\sigma_m}{f_c}\right)^2 & \theta=60° \quad (5\text{-}15)\end{cases}$$

式中有 6 个参数,但由于这两条子午线与静水压力轴正向交于一点,所以实际上只有五个参数。a_0、a_1、a_2 和 b_0、b_1、b_2 由单轴抗拉强度 f_t、单轴抗压强度 f_c、双轴等压强度 f_{cb}、两个三轴抗压强度 f_1、f_2 来确定。

William-Warnke 五参数破坏准则同时考虑了混凝土的开裂和压溃,图 5-8 显示了混凝土的三向破坏面。其中 σ_{xp} 和 σ_{yp} 分别代表 x 和 y 方向的非零主应力,三向破坏面投影在 $\sigma_{xp}-\sigma_{yp}$ 平面上,破坏模式就成了关于 σ_{zp} 的函数(z 方向的主应力)。如果 σ_{xp} 和 σ_{yp} 均为负(受压),并且 σ_{zp} 为正(受拉),开裂裂缝将由 σ_{zp} 来控制。然而,如果 σ_{zp} 为零或是负值,材料将被压碎。

本模型所采用的各参数数值为:单轴受压强度 $f_c=-1$;单轴受拉强度 $f_t=2.0$;双轴等压强度 $f_{cb}=1.2f_c$;在一定的静水压力情况下的单轴抗压强度 $f_1=1.45f_c$;在一定的静水压力情况下的双轴抗压强度 $f_2=1.725f_c$。

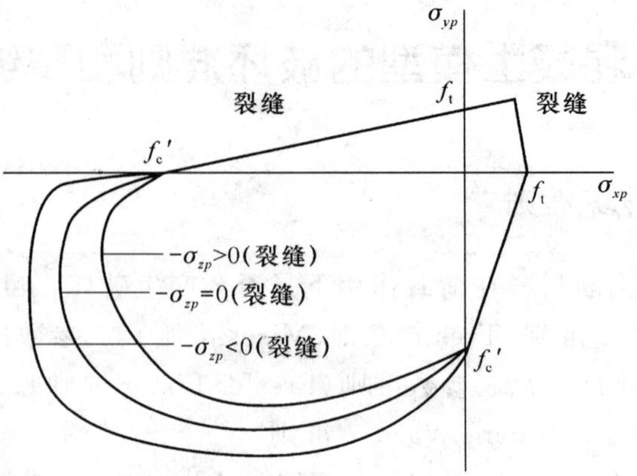

图 5-8　混凝土的三向破坏面

上述强度条件成立的前提是：

$$|\sigma_h| \leqslant \sqrt{3} f_c$$

$$\sigma_h = \frac{1}{3}(\sigma_1 + \sigma_2 + \sigma_3)$$

单轴受压强度 f_c 取 -1 是关闭了 Solid65 单元的压溃功能，认为结构的破坏完全由开裂引起，因为有限元模型加载点附近的混凝土单元会首先发生受压破坏，导致结构刚度显著降低而过早破坏，使得结果无法收敛，而实际上由于泊松比效应，在垂直压荷载的方向会出现相应的拉应力，使得混凝土首先发生开裂破坏，因此在研究中关闭了 Solid65 单元的压溃功能。

5.3.2　混凝土的裂缝模式

钢筋混凝土有限元分析中考虑裂缝的模型主要有分离式裂缝(discrete cracking)和弥散裂缝(smear cracking)模型两种。根据剪力墙裂缝分布的特点，可采用弥散裂缝模型对剪力墙的开裂过程加以描述。弥散裂缝是以一种"连续的"形式分布于单元中的，开裂的混凝土仍保持某种连续性。如果取裂缝方向作一个局部坐标 t，则沿局部坐标轴两个正方向的混凝土具有不同的力学性质，即第一条裂缝出现后，该处成为正交各向异性，重新给出本构矩阵。

在某一单元内的高斯数值积分点上的拉应力达到开裂强度时，即认为这一高斯积分点垂直于该主拉应力的混凝土开裂。开裂后的钢筋混凝土单元仍符合正交异性材料的假定。

处于积分点的裂缝通过在裂缝面垂直的方向上引入一个软弱面来调整应力应变关系加以实现。当然，也引入一个开裂剪力传递系数 β_t 来代表抗剪强度的下降。对于开裂面的钢筋，钢筋混凝土有限元开裂面上钢筋对剪切力的传递主要由开裂面斜交的钢筋和通过开裂面钢筋的销栓力两部分组成，对于前一种剪力传递作用已在钢筋单元模型中得以考虑，而后一种剪力传递作用即钢筋的销栓力作用，由于其作用机理较复杂，且对剪切刚度的影响相对较小，因此这里未考虑其影响。

5.4　有关数值计算方法

由于材料的应力—应变关系是非线性的，刚度矩阵中各量不再是常数，而是应变的函数。对这类非线性问题的求解方法分为三种：增量法、直接法和混合法。

增量法是把荷载划分为许多荷载增量，这些增量可以相等，也可以不等。计算时，每个计算步施加一个增量荷载，并按照线性近似求解。增量法的优点是适用范围广，可以提供荷载—位移过程曲线，缺点是耗费机时较多，同时难以估计误差。

直接法是一次将荷载全部施加，然后通过迭代求解，故又称迭代法。它的计算量比增量法小一些，对精度也能加以控制；但直接法不能给出荷载—位移曲线，适用范围小。

混合法则同时利用增量法和直接法求解，即把总荷载分为若干步，在每一步中又按直接法迭代求解。此法在一定程度上包含了以上两种方法的优点，并避免了二者的缺点。本章采用了 ANSYS 程序提供的混合法求解。

5.5　本章小结

有限元仿真技术改变了结构试验方法，通过仿真技术能有效地对新型结构的内部受力机理和变形规律进行研究。本章对于带缝剪力墙抗震性能的研究，是在试验研究的基础上，借助有限元软件 ANSYS 对带缝剪力墙及结构体系进行仿真分析。

本章系统介绍了数值模拟时采用的两种有限单元 Solid65 和 Link8，分析了它们的受力机理，介绍了其本构模型、破坏机理和准则。最后对 ANSYS 的裂缝模式及数值模拟方法做了简要阐述。

第6章　小剪跨比带缝剪力墙抗震性能模拟分析

本章主要针对小剪跨比复合剪力墙(剪跨比 $\lambda \leqslant 1$)的墙体在竖向压力作用下的水平加载模拟,分析在水平荷载作用下小剪跨比带缝剪力墙构件的抗震性能,并与普通剪力墙对比,比较两种剪力墙的裂缝开展与分布、应力应变特点、刚度、刚度衰减系数及延性系数,通过比较分析带缝剪力墙在破坏模式、骨架曲线及刚度退化等方面的特点和规律。并考虑正交试验原理建立带缝剪力墙和实体墙的分析模型,研究轴压比、剪跨比、墙厚、配筋率及组合柱等因素对带缝墙抗震性能的影响。

6.1　有限元模型的建立

6.1.1　试件设计

在科学研究或试验中遇到的许多问题一般是比较复杂的,包含有多个因素,每个因素有又不同的状态,它们相互交织在一起。本体系剪力墙结构由于是一种新型结构体系,因此需要用试验和模拟来验证设计的初衷(即在抗震承载力下降不多的情况下达到适当降低结构刚度、增大延性)。为了全面清晰地分析各个因素对本体系带缝剪力墙结构受力的影响,总结该剪力墙的内力计算公式,本章在对比分析带缝剪力墙与普通剪力墙受力特点的基础上利用正交设计方法[106-112]设计了四因素三水平的正交数值分析模型,以便有效地分析各因素对带缝剪力墙影响的显著性程度,从而为本体系结构的设计提供参考。

在实际工程中小剪跨比在剪力墙应用中比较广泛,所以在本章中主要针对小剪跨比带缝剪力墙(剪跨比 $\lambda \leqslant 1$)的墙体在竖向压力作用下的水平加载模拟,研究剪跨比较小时的带缝剪力墙在竖向力和水平荷载作用下的破坏形态、变形能力等抗震性能。为了使计算对象各参数和尺寸能够较好地模拟实际工程中剪力墙结构的性状,为实际工程中小剪跨比剪力墙结构截面设计提供技术支持,数值分析模型的截面尺寸和配筋是根据剪力墙结构实际工程施工图为参考,总结设计中的共性原则,以实际设计中的一般规律为依据综合确定的。同时为了计算方便减少节点,将采用 1∶2 的缩尺模型。数值分析中模型的边界条件与实际结构的受力边界条件基本吻合。

按照上述原则制作了以下试件:带缝剪力墙试件 13 片,为 SSW1～SSW13,对比剪力墙试件 SW1、SW2、SW3;其中 SW3 和 SSW3 分别为两层普通剪力墙试件和两层带缝剪力墙试件,墙体详细尺寸和配筋如图 6-1～图 6-2 所示。ANSYS 有限元模型图如 6-3 所示。为了便于在模拟地震时观察破坏现象,试件不带外墙模板。所有钢筋均采用 HPB235 级钢筋。其真实试件宽度为一块半模板宽度,墙内配有 $\phi6$ 通长水平和竖直钢筋。试件的主要参数如表 6-1 所示。

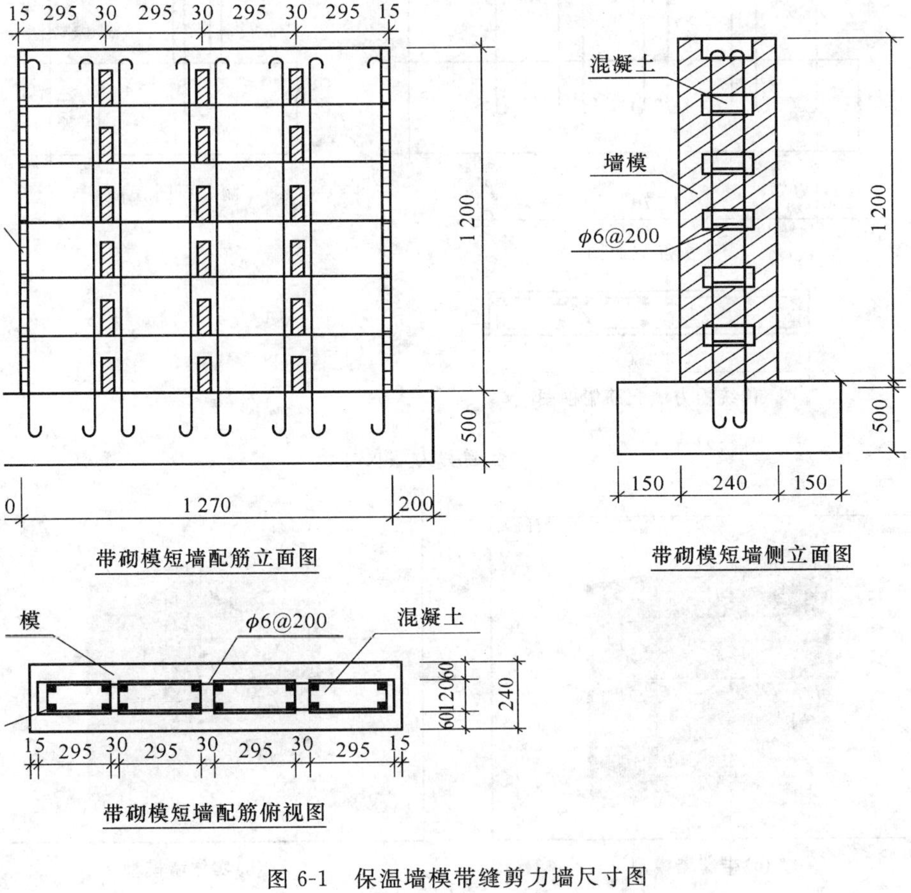

图 6-1　保温墙模带缝剪力墙尺寸图

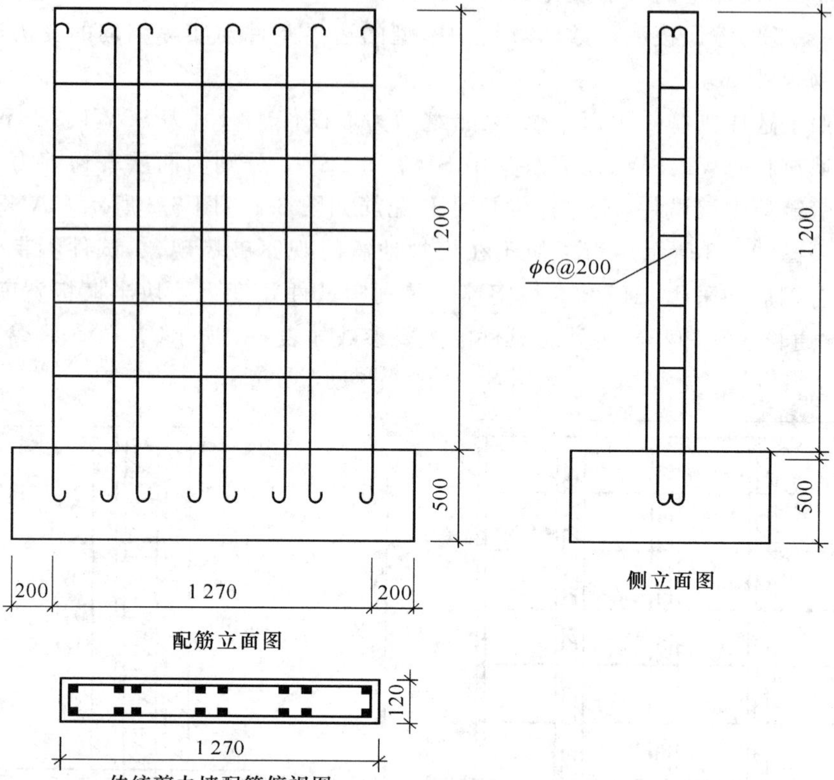

图 6-2　普通剪力墙尺寸图

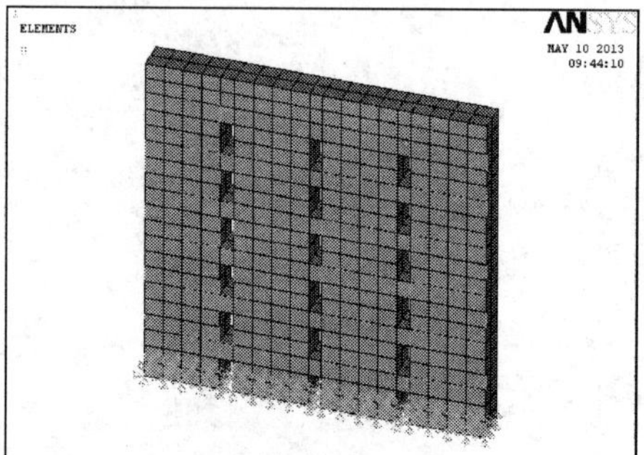

(a)带缝墙模型

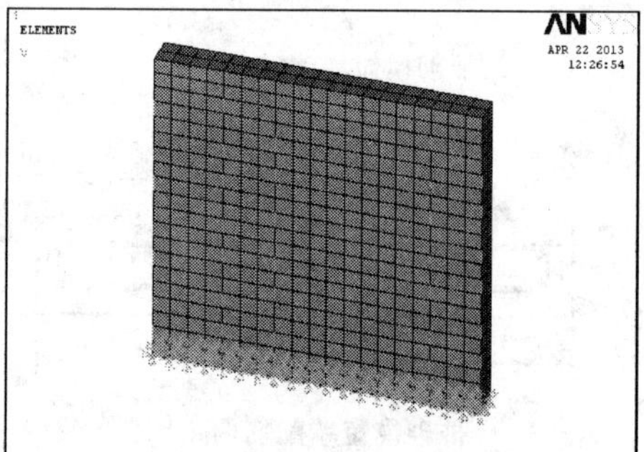

(b)实体墙模型

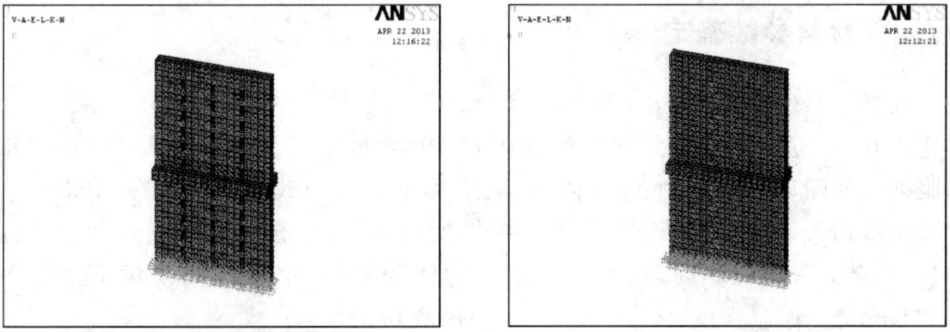

(c)两层带缝墙体模型图　　(d)两层实体墙体模型图

图 6-3　墙体有限元模型

表 6-1　小剪跨比墙试件主要参数

试件编号	长度	高度	组合柱	剪跨比	轴压比	配筋率 $\rho_v(\rho_h)$	水泥强度等级
SW1	1 270	1 200	无	0.94	0.10	0.34(0.24)	C30
SW2	1 270	1 200	无	0.94	0.15	0.34(0.24)	C30
SW3	1 270	1 200×2	无	0.94	0.10	0.34(0.24)	C30
SSW1	1 270	1 200	无	0.94	0.10	0.34(0.24)	C30
SSW2	1 270	1 200	无	0.94	0.15	0.34(0.24)	C30
SSW3	1 270	1 200×2	无	0.94	0.10	0.34(0.24)	C30
SSW4	1 270	1 200	无	0.94	0.20	0.34(0.24)	C30
SSW5	1 270	2 400	无	1.89	0.15	0.34(0.24)	C30
SSW6	1 270	3 000	无	2.36	0.15	0.34(0.24)	C30
SSW7	1 270	1 200	无	0.94	0.15	0.34(0.24)	C50
SSW8	1 270	1 200	无	0.94	0.15	0.34(0.24)	C80
SSW9-150	1 270	1 200	无	0.94	0.10	0.48(0.33)	C30
SSW10	1 270	1 200	无	0.94	0.15	0.60(0.42)	C30
SSW11	1 270	1 200	无	0.94	0.15	0.82(0.65)	C30
SSW12	1 270	1 200	中柱	0.94	0.10	0.57(0.34)	C30
SSW13	1 550	1 200	边柱	0.77	0.15	0.57(0.34)	C30

说明：SW 表示普通剪力墙试件；SSW 表示永久性墙模带缝剪力墙试件；未标注的剪力墙试件厚度为 120 mm。其中中柱尺寸为 150×120，两端边柱尺寸同中柱。

6.1.2 材料参数确定

混凝土 C30,抗压强度 $f_c=14.3\ N/mm^2$,弹性模量为 $E_c=3\times10^4\ N/mm^2$,泊松比为 0.2。选择多线性等向强化(MISO)模型,即采用多线性来表示 Von Mises 屈服准则的随动强化应力-应变曲线,它适用于比例加载的情况。在 ANSYS 中,混凝土本构关系由三维模型简化为一维模型,钢筋应力-应变关系使用理想弹塑性模型,全部采用 HPB 钢筋,不考虑钢筋的屈服硬化;钢筋弹性模量 $E_s=2.0\times10^5\ N/mm^2$。屈服强度 235 N/mm^2,泊松比取 0.3。

6.1.3 试件轴压比确定

带缝剪力墙试件的轴压比 n 按式 6-1 计算。式中,N 为竖向力,A 为墙肢的水平截面面积(包括组合柱的截面积),f_{ck} 为混凝土轴心抗压强度标准值,取 $f_{ck}=0.67f_{cu}$,f_{cu} 为混凝土立方体强度实测值,不考虑混凝土变异的影响,直接选用规范立方体抗压强度。根据一般的 8～10 层住宅结构的承载力,其底层墙肢截面在竖向荷载标准值作用下的轴压比为 0.15 左右(按 120 mm 厚带缝剪力墙,混凝土为 C30 计算),因此,本次模拟试验墙肢的轴压比取为 0.10～0.20。各试件的轴压比值见表 6-1。

$$n=\frac{N}{f_{ck}A} \tag{6-1}$$

6.2 剪力墙基本破坏过程

6.2.1 裂缝表示原理和表示方法

ANSYS 采用的是弥散裂缝模型,以弥散的裂缝来代替单独的裂缝。单元一旦开裂即形成无数条平行的裂缝。弥散裂缝形式不必增加节点和重新划分单元,宜于计算机处理。如果单元中最大主拉应力 σ_1 大于混凝土的抗拉强度,则认为单元中产生垂直于 σ_1 方向的裂缝。开裂后,最大主拉应力 σ_1 将被释放而应力重新分布,同时应力应变关系矩阵中在这一方向的刚度系数将等于零。在 ANSYS 中,混凝土单元的应力和应变是在各单元的高斯积分点上进行计算的。当单元内部主拉应力超过混凝土的极限抗拉强度时,单元内部的裂缝以圆圈表示,圆圈平面与主拉应力方向垂直(如图 6-4 所示)。混凝土单元中的裂缝采用弥散形式,任何方向的拉应力超过限值时,都会有裂缝产生,此时主拉应力方向的弹性模量设为零。

在钢筋混凝土构件中，弯曲和剪切联合造成了一个双向应力状态，当主拉应力超过混凝土的抗拉强度时，就会形成裂缝。根据主拉应力的方向不同，将裂缝分为图 6-4 所示三种情况：弯曲裂缝((a)、(b))；剪切裂缝((c)、(d))；受压裂缝((e))。

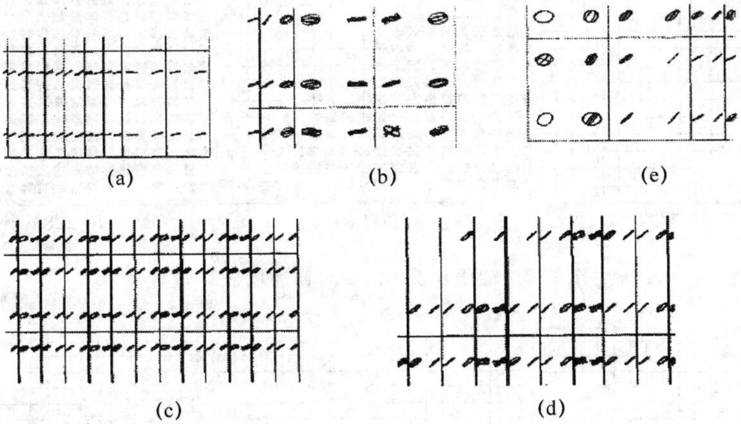

图 6-4　裂缝表现形式

对于裂缝颜色表示，ANSYS 中裂缝的表示方法是：破裂将在裂纹面上显示一个圆圈的轮廓。每个积分点上的第一次裂化将显示一个红色的圆圈，被称为第一阶裂缝；第二次裂化将显示一个绿色的圆圈，被称为第二阶裂缝；第三次裂化将显示一个蓝色的圆圈，被称为第三阶裂缝。

6.2.2　普通剪力墙破坏过程及形态

在加载初期，小剪跨比普通剪力墙试件基本处于弹性状态，位移随荷载的增大而增大。由于实体墙不存在洞口，在加载初期没有应力集中的现象，在水平荷载作用下，首条裂缝出现在加载侧底部边缘处(如图 6-5 和图 6-6 所示)，裂缝为水平方向，称为水平裂缝。随着水平荷载的增加，水平裂缝慢慢向受压区延伸，同时上部又出现一批新的水平裂缝。随着荷载不断增大，上部原来形成的水平裂缝向斜下方发展，形成斜裂缝，并且水平裂缝不断向上发展。水平荷载持续增大，斜裂缝及水平裂缝迅速向斜下方发展，并且几条细斜裂缝形成一条明显的斜裂缝，可以称为临界裂缝。当水平荷载接近极限荷载时，临界裂缝的宽度和深度不断增大，最后导致受压区混凝土剪压破坏。图 6-5 和图 6-6 仅列出一层普通剪力墙的破坏过程。

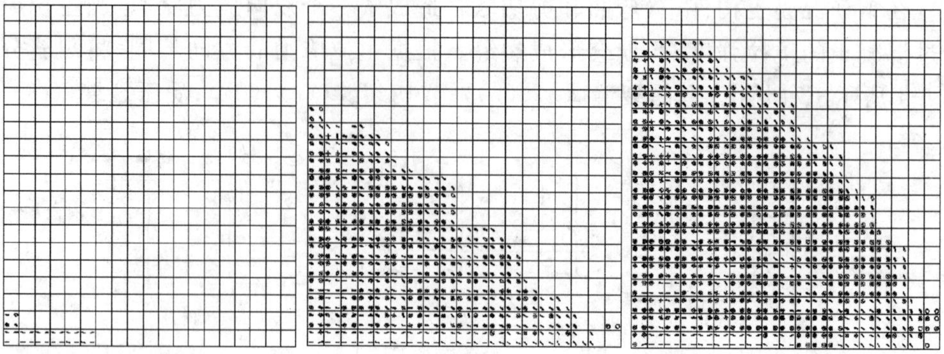

F=96.7 kN　　F=207.6 kN　　F=228.6 kN

图 6-5　轴压比为 0.10 的普通墙破坏过程

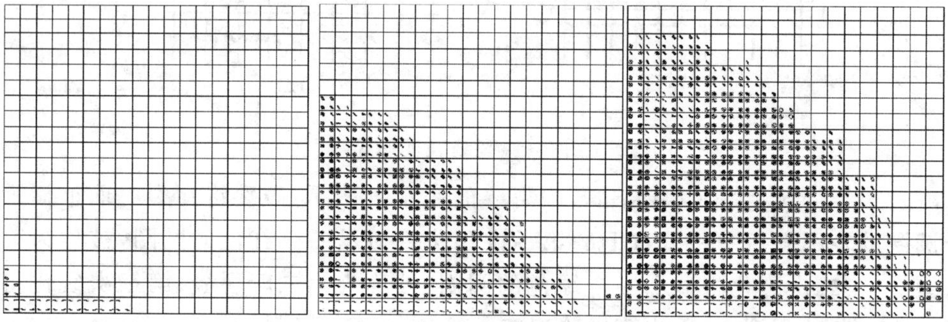

F=101.2 kN　　F=215.7 kN　　F=241.5 kN

图 6-6　轴压比为 0.15 的普通墙破坏过程

6.2.3　带缝剪力墙破坏过程及形态

对于剪跨比 $\lambda \leqslant 1$ 的剪力墙在荷载控制阶段的初期，试件处于弹性状态。随着单向荷载的增大，除两端有组合柱的试件 SSW13 外，其他试件均是首先在端墙肢的底截面出现受拉水平裂缝。荷载进一步增大，所有的试件均是在洞口上连梁两端陆续出现斜向裂缝。裂缝的走向是沿对角线方向，但分布范围较宽，裂缝出现的顺序是先中部后上下端。继续增大荷载，受拉端水平裂缝不断向上并向受压区扩展，更多的连梁两端出现斜向裂缝，水平荷载—顶点位移曲线进入非线性，以后几乎在所有的连梁两端均出现了斜向裂缝。随后，底部几层连梁开始出现斜裂缝，其走向仍是沿着对角线方向；荷载进一步增大，出现斜裂缝的连梁增多，由于是单调水平荷载，斜裂缝仅沿着加载力的对角线发展；随着荷载进一步增大，组合边柱上也出现了水平裂缝。随着荷载增加，更多连梁出现斜裂缝，斜向裂缝增多；两端墙肢边缘混凝土出现受压竖向裂缝。最后连梁由斜裂缝分成了上下两个棱柱，试件丧失承载能力(图 6-7 和图 6-8 列出了部分带缝剪力墙的破坏过程)。中间有组合柱的稍晚于连梁出现斜裂缝,在连梁基本破坏后中间组合柱斜裂缝才继续增多加宽;SSW13 两端组合柱在连梁出现斜裂缝前出现水平裂缝。

对于剪跨比较大的 SSW5 和 SSW6,破坏形态上主要集中在下部 2/3 处,裂缝发展基本过程同小剪跨比剪力墙,只是在发展速度上要快于小剪跨比墙。

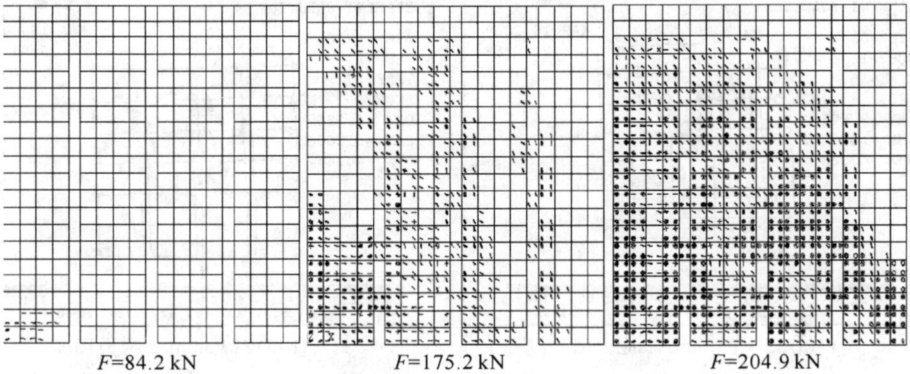

图 6-7　轴压比为 0.10 的带缝墙破坏过程

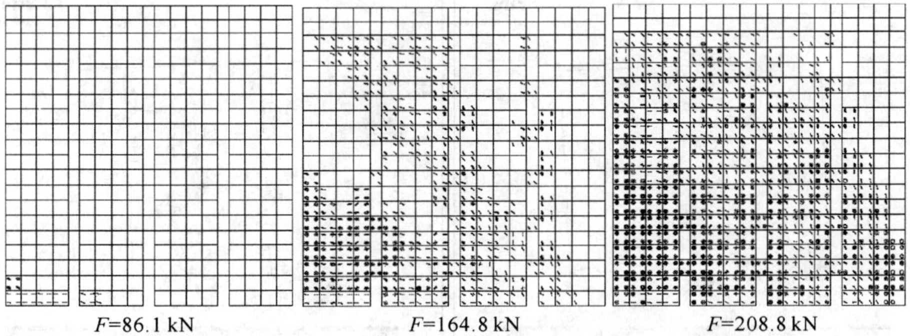

图 6-8　轴压比为 0.15 的带缝墙破坏过程

从上图可知小剪跨带缝剪力墙试件最终的破坏形态为:连梁剪切破坏,端墙肢边缘混凝土受压破损。无组合柱的带缝剪力墙,剪切破坏的连梁主要在底部三层;有组合柱的带缝剪力墙,1～5 层连梁都发生剪切破坏。

总之,在破坏形式上带缝小剪跨比剪力墙仍属于剪切破坏,其开裂荷载接近普通剪力墙,能满足一般建筑的“小震不坏”的要求。随着荷载增大,连梁开始破坏,构件依靠连梁的错动和增大的剪跨比消耗地震能量,此时承载力仍不断提高,直至极限承载力。由于程序的缺陷性不能做到荷载下降段,但从极限破坏图中可以看出连梁在极限状态时都被破坏,即在大震时连梁断裂,达到降低结构刚度的目的。

6.2.4 带缝墙与普通墙 Vonmises 应力分析

经程序处理，图 6-9 和图 6-10 为同条件下小剪跨比带缝剪力墙及普通剪力墙破坏时构件的等效应力和等效应变图。

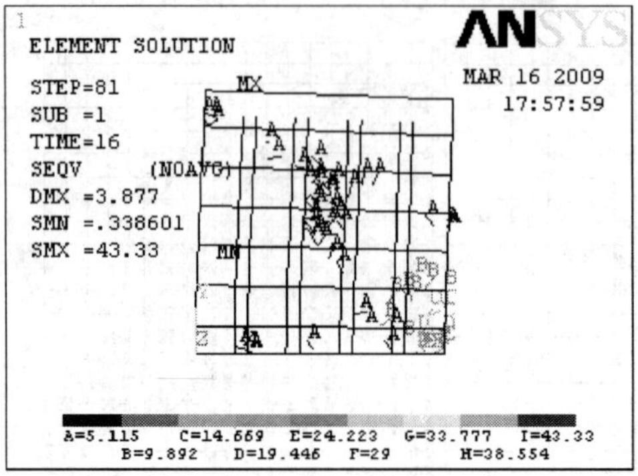

(a)SSW1 vonmises应力图

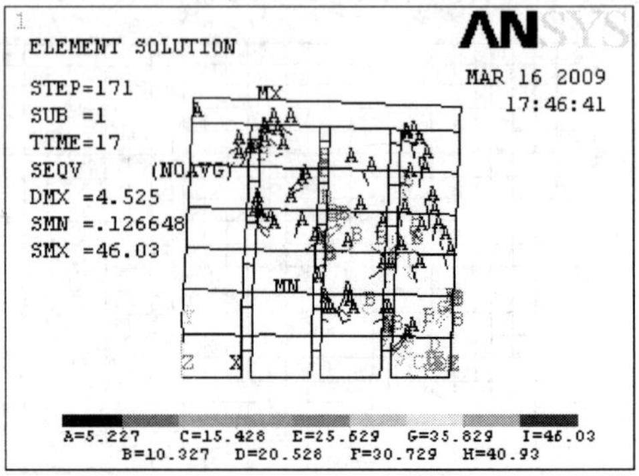

(b)SW1 vonmises应力图

图 6-9 等效应力图

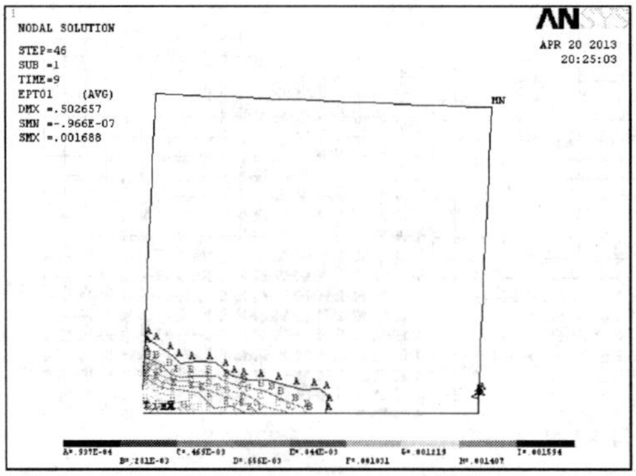

(a)SSW1等效应变图

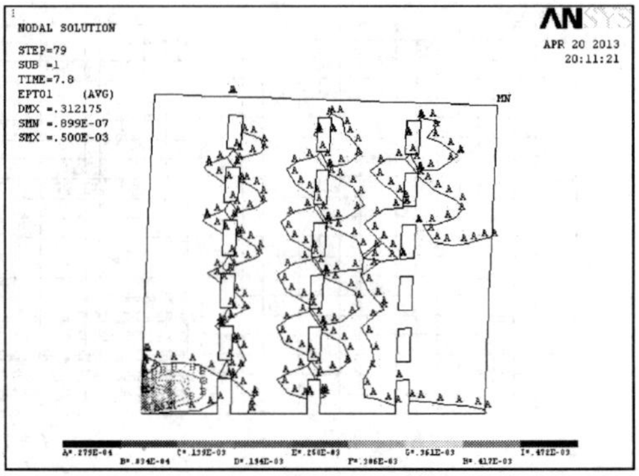

(b)SW1等效应变图

图 6-10 等效应变图

从两个构件破坏时的等效应力和等效应变可以看出普通剪力墙 SW1 破坏时的应力主要集中在受压区，是以拉区开裂和压区的混凝土压碎为标志。而 SSW1 在破坏时最大等效应力和应变布满整个加载位置的斜对角线和竖缝处，其裂缝开展得比较充分，应力沿对角线均匀扩展，最大应变布满竖缝，证明在极限承载力时带缝剪力墙的连梁破坏，从而达到降低结构刚度的目的。带缝剪力墙构件受力充分，构件的材料利用率高。

6.3　承载力与变形能力分析

本节通过对各带缝剪力墙试件进行模拟分析以后，得到了各试件的特征点值。通过比较最终确定剪跨比、轴压比、边柱及中柱设置、混凝土强度等级等因素对小剪跨比带缝剪力墙试件的影响程度。

6.3.1　荷载特征值

通过 ANSYS 有限元模拟数据分析得出各试件特征值如表 6-2～表 6-4 所示。

表 6-2　荷载特征点

试件编号	开裂荷载/kN	屈服荷载/kN	极限荷载/kN
SW1	96.7	207.6	228.6
SW2	101.2	215.7	241.5
SW3	49.2	94.8	108.0
SSW1	84.2	175.2	204.9
SSW2	86.1	164.8	208.8
SSW3	44.4	79.2	105.0
SSW4	84.8	176.8	279.7
SSW5	50.2	87.9	114.0
SSW6	51.6	80.4	103.2
SSW7	148.9	221.1	261.8
SSW8	167.1	250.6	298.7
SSW9-150	124.8	181.4	201.3
SSW10	87.3	230.2	270.0
SSW11	91.2	242.2	288.0
SSW12	98.3	205.0	254.8
SSW13	146.7	225.2	303.0

表 6-3　位移特征点

试件编号	开裂位移/mm	屈服位移/mm	破坏位移/mm
SW1	0.176	1.376	2.909
SW2	0.183	1.482	2.830
SW3	0.422	2.755	6.027
SSW1	0.182	1.433	3.539
SSW2	0.252	1.438	2.850
SSW3	0.498	1.568	5.823
SSW4	0.366	1.441	2.325
SSW5	0.680	2.167	17.382
SSW6	0.983	2.271	18.717
SSW7	0.374	0.952	1.965
SSW8	0.415	1.655	2.282
SSW9-150	0.244	0.623	0.990
SSW10	0.233	1.566	2.287
SSW11	0.245	1.752	2.552
SSW12	0.220	1.926	3.928
SSW13	0.209	2.245	5.532

表 6-4　层间位移角

试件编号	开裂位移角	屈服位移角	破坏位移角
SW1	1/6818	1/872	1/412
SW2	1/6557	1/810	1/372
SW3	1/5405	1/761	1/479
SSW1	1/6593	1/837	1/339
SSW2	1/4762	1/834	1/421
SSW3	1/4651	1/753	1/466
SSW4	1/3278	1/833	1/536
SSW5	1/3529	1/1056	1/138
SSW6	1/3052	1/1321	1/160
SSW7	1/3208	1/1260	1/511
SSW8	1/2325	1/721	1/526
SSW9-150	1/4918	1/1926	1/1212
SSW10	1/5150	1/771	1/525

续 表

试件编号	开裂位移角	屈服位移角	破坏位移角
SSW11	1/4897	1/684	1/470
SSW12	1/5455	1/623	1/305
SSW13	1/5742	1/535	1/265

注：上述表格中的开裂荷载是指模型底部产生第一批裂缝时所得到的荷载子步；屈服荷载为钢筋屈服所对应的荷载子步；极限荷载为计算所能得到的最大荷载。

从表中看出：上述剪力墙试件开裂时的荷载与极限荷载比值大约都为 25%～50%。各个试件开裂时的位移角均小于 1/1500，其中轴压比大的试件开裂时的顶点位移角大，剪跨比大的试件开裂时的顶点位移角也大；同轴压比下增加边柱或者中柱可以降低位移角的大小；开裂荷载随轴压比增大而增大，随着剪跨比的增大而明显降低；混凝土等级提高，屈服荷载与极限荷载比值明显增大，C50 以上混凝土比 C30 混凝土提高 5%～10%，墙体的安全储备系数减小。带缝剪力墙的开裂荷载、位移角与同条件下的普通剪力墙相当，证明带缝墙在弹性阶段可以看作整体墙，满足一般建筑结构弹性工作下的承载力，可以达到抗震规范要求的“小震不坏”。

6.3.2　带缝剪力墙承载力影响因素分析

在 6.2 节中运用了 ANSYS 对 12 片正交模型带缝剪力墙体（SSW3 除外）进行了模拟分析，为了确定其影响因素对承载力的影响程度，本节运用 Excel 绘出了影响承载力的变化曲线，如图 6-11～图 6-16 所示。

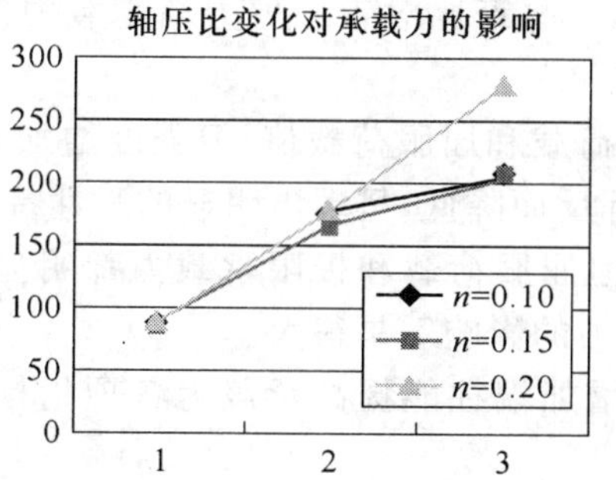

图 6-11　轴压比对承载力影响曲线

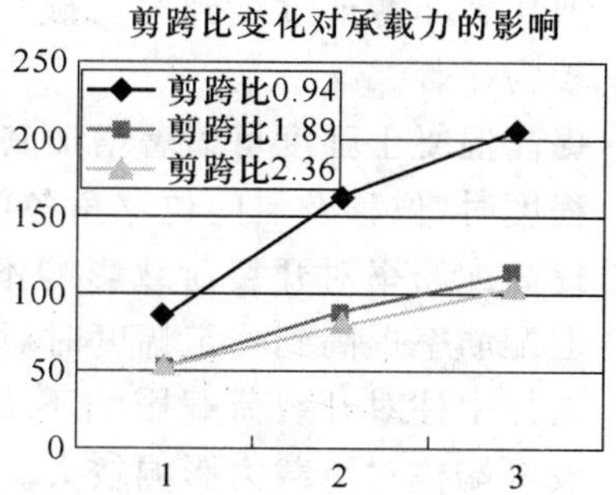

图 6-12　剪跨比对承载力影响曲线

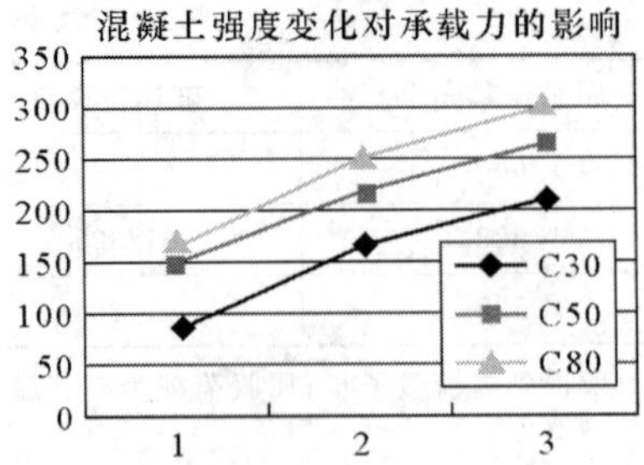

图 6-13　混凝土强度对承载力影响曲线

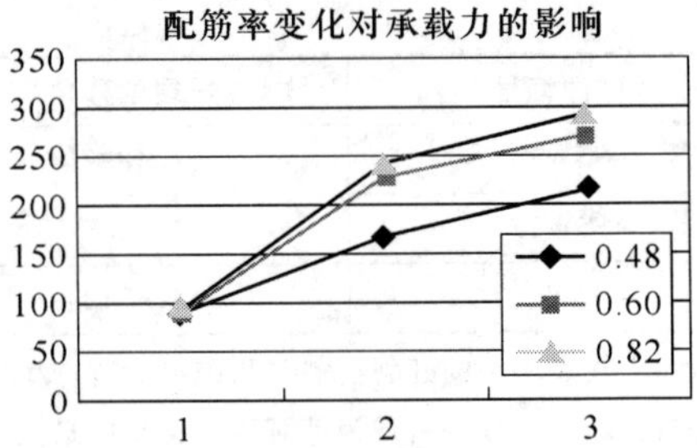

图 6-14　配筋率对承载力影响曲线

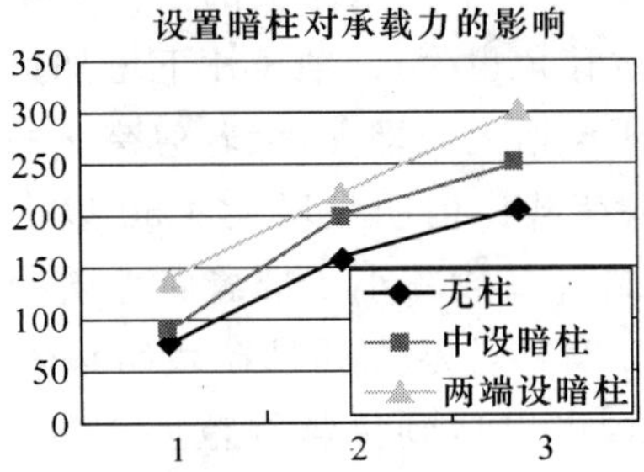

图 6-15　设置暗柱对承载力影响曲线

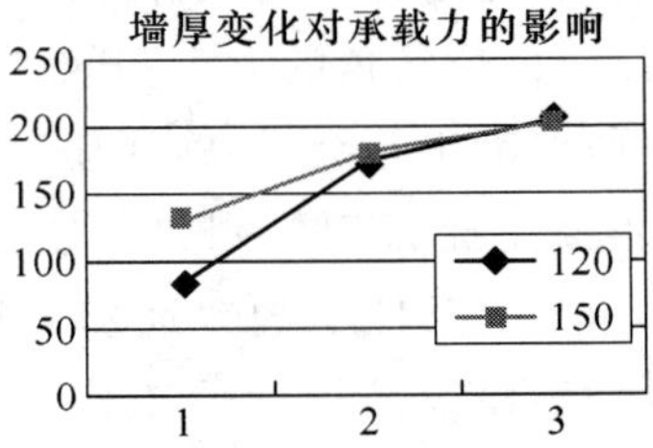

图 6-16　墙厚变化对承载力影响曲线

从上述变化曲线比较分析结果可知以下结论：

- 带缝剪力墙随着轴压比的增加，开裂荷载和极限荷载略有提高，但当轴压比增大到 0.2 时，可以看出其开裂荷载和屈服荷载增加不多，极限位移也较小，破坏时间短，轴压比对承载力的影响较为显著。
- 随着剪跨比的增大，开裂荷载、屈服荷载及极限承载力都显著降低，构件由剪切破坏特征过渡到弯剪破坏特征。剪跨比对带缝剪力墙承载力的影响较为显著。
- 提高混凝土强度可显著增加其开裂荷载和屈服荷载值，但强度增加到一定程度时，位移及层间位移角各项指标反而降低，呈现出明显的脆性特征。
- 提高配筋率对开裂荷载影响不大，但屈服荷载和极限承载力都明显提高，但配筋率提高到一定幅度时对承载力的影响不是很大。
- 增加中柱对开裂荷载影响不大，但增加端柱能提高承载力各项指标，因此设置端柱对承载力影响较大。
- 增大墙厚能提高开裂荷载，但对屈服荷载和极限承载力基本没有影响。

6.3.3　带缝剪力墙钢筋应变分析

小剪跨比带缝剪力墙在加载阶段初期，钢筋应变都不大。达到最大承载能力时，受拉端最外边缘墙底截面纵向钢筋的应变超过 0.002(有端柱的 SSW9 除外)，有的可达 0.005；受压端最外边缘墙底截面纵向钢筋的压应变也超过 0.002，有的墙体可达 0.004，与墙底出现受压竖向裂缝的现象一致；水平钢筋的应变，靠近墙底和墙顶的钢筋有的试件可达 0.003，但大部分试件为 0.001 左右，靠近墙顶的钢筋都未达到 0.001，即没有达到屈服状态；靠近墙中部钢筋，大部分试件达 0.0015 或更大，有的接近 0.003，都在破坏前达到了屈服；带有组合柱的箍筋的应变都没有到 0.001。随着位移增大，钢筋应变增大。构件破坏时，构造柱箍筋的应变达 0.002以上。即在带缝墙两边设置端柱能够充分利用钢筋的极限承载力。

图 6-17 给出了代表试件 SSW2 在不同大小水平力作用下墙底截面处纵筋应变的分布，从钢筋应变图中可以看出对于带缝墙基本符合平截面假定，即承载力可以按照现有的剪力墙承载力公式计算，但要扣除缝所占面积。

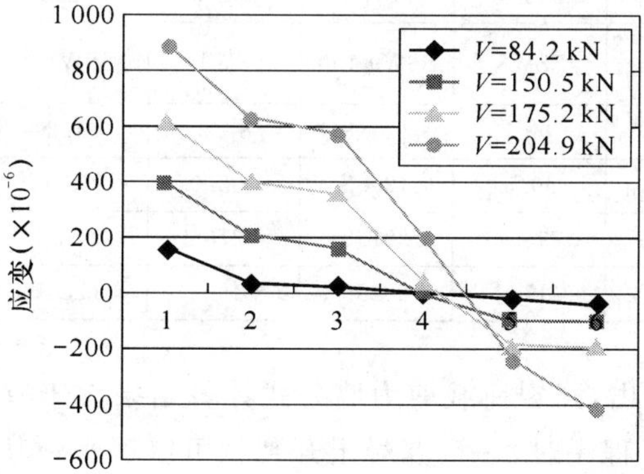

图 6-17　竖向钢筋应变分布图

6.3.4　带缝剪力墙有限元与理论承载力计算比较

为了检验所得计算结果的合理性，采用理论计算方法同有限元分析结果加以比较，对开裂荷载和极限荷载进行分析。理论计算方法假定临界斜裂缝出现前剪力由混凝土承担，临界斜裂缝出现后剪力由混凝土与钢筋共同承受，所有墙筋都屈服。

开裂荷载 V_{crl} 等于临界斜裂缝形成时的荷载[113]，即为

$$V_{crl}=\frac{1}{\lambda-0.5}\left(0.5kf_tbh_0+0.15N\frac{A_w}{A}\right) \tag{6-2}$$

剪力墙试件的受剪承载力等于斜裂缝形成后的荷载，参考现行规程[114]为

$$V_{ul}=\frac{1}{\lambda-0.5}\left(0.5kf_tbh_0+0.13N\frac{A_w}{A}\right)+f_{yv}\frac{A_{sh}}{S_v}h_0 \tag{6-3}$$

式中，λ 为广义剪跨比；f_t 为混凝土轴向抗拉强度；$b\times h_0$ 为试件有效截面面积；A_w

为腹板剪力墙面积；A 为试件截面积；N 为轴向压力值，且当 $N>0.2f_cbh$ 时，取 $N=0.2f_cbh$；f_{yv}为钢筋抗拉强度；A_{sh}为剪力墙水平筋面积；S_v 为水平分布筋间距。

计算截面面积采用扣除洞口面积的情况考虑，k 为洞口影响系数，与洞口高度及洞口影响面积占墙体的比例有关。带缝墙体按扣除洞口后的截面面积计算的结果（表中只列出单层带缝剪力墙构件）和 ANSYS 的分析结果，如表 6-5 所示。

表 6-5　公式与程序计算结果对比

项目 \ 编号		SSW1	SSW2	SSW4	SSW5	SSW6	SSW7
开裂荷载	程序计算结果 V_{crj}	96.5	86.1	84.8	50.2	51.6	148.9
	剪力墙公式 V_{crl}	99.4	87.2	78.5	51.2	55.7	145.7
极限荷载	程序计算结果 V_{uj}	204	208.8	279.7	114.0	103.2	261.8
	剪力墙公式 V_{ul}	258.4	287.6	307.5	252.3	221.3	376.2
项目 \ 编号		SSW8	SSW9-150	SSW10	SSW11	SSW12	SSW13
开裂荷载	程序计算结果 V_{crj}	94.1	124.8	87.3	91.2	88.3	146.7
	剪力墙公式 V_{crl}	90.5	129.5	102.0	115.4	87.9	134.6
极限荷载	程序计算结果 V_{uj}	298.7	201.3	270	288	254.8	303.0
	剪力墙公式 V_{ul}	417.7	282.6	346.3	361.3	258.4	351.0

由表 6-5 可以看出：开裂荷载剪力墙公式计算结果大于有限元模拟结果，其主要原因是应用有限元程序时，一旦混凝土开裂就可以观察到其破坏情况，而理论计算是已经考虑开裂裂缝而计算的荷载为开裂荷载。但是二者差值不大，大都在10%以内。极限荷载剪力墙公式计算结果大于有限元模拟结果；其主要原因是应用有限元进行非线性分析时，很难加载至混凝土终极破坏状态，这也与混凝土本构关系模型及其非线性设置有很大关系。剪跨比、轴压比越大的剪力墙，差值越大；对于带边、中柱的的剪力墙，因为理论公式没有考虑组合柱的影响，所以计算结果差值也达 10%以上。但总体上看，有限元分析结果与理论计算结果较为接近。

6.3.5　试件的位移延性系数、割线刚度、屈强比

(1) 延性系数

结构的延性是抗震性能好坏的重要标志，良好的延性有助于减轻地震作用，吸收与耗散地震能量，避免结构倒塌。延性系数越大，说明构件的延性越好。

构件延性大小采用延性系数 μ 表示，μ 通常定义为结构在极限状态下的变形与结构屈服时变形的比值：

$$\mu=\frac{U_d}{U_y} \tag{6-4}$$

式中，U_d 为结构在极限状态下位移；U_y 为结构在屈服状态下位移。

延性系数又分为曲率延性系数和位移延性系数，延性的大小对构件抗震能力有很大的影响。目前，结构的屈服位移 U_y 和极限位移 U_d 的取值尚无统一的标准。在本书中，屈服位移取受拉端钢筋屈服时所对应的位移；极限位移 U_d 在一般情况下定义为对应于极限荷载的位移。

(2) 割线刚度

开裂前的割线刚度：$K_c=\frac{F_c}{U_c}$；

开裂至屈服时的割线刚度：$K_y=\frac{F_y-F_c}{U_y-U_c}$；

试件极限破坏割线刚度：$K_u=\frac{F_u-F_y}{U_d-U_y}$；

初始开裂到屈服的刚度衰减系数：$\beta_{yc}=\frac{K_y}{K_c}$；

屈服到极限破坏过程中的刚度衰减系数：$\beta_{uy}=\frac{K_u}{K_y}$。

(3) 屈强比

屈强比表示构件的屈服荷载和极限荷载的比值：

$$\mu_{yu}=\frac{F_y}{F_u} \tag{6-5}$$

它表征了结构构件在屈服后的强度储备，屈强比越小，储备系数就越大。结构构件在遇到大震时，构件屈服后还能够承受较大的荷载。

保温墙模带缝剪力墙与普通剪力墙刚度与延性对比情况如表 6-6 所示。

1. 屈强比及延性

- 在同条件情况下，比较(SW1，SSW1)和(SW2，SSW2)，普通墙的屈强比稍大于带缝墙，即带缝墙的安全储备要高于普通剪力墙；而且带缝墙的位移延性系数要大于普通墙，这是因为后期由于连梁的断裂形成剪跨比较大的分段剪力墙。
- 比较 SSW1、SSW2、SSW4 可以发现，提高轴压比不多时，屈强比降低，安全储备增大；但当增大至 SSW4 时，屈强比反而增大，安全储备降低。位移延性系数也呈下降趋势。
- 比较 SSW1 和 SSW9-150 可以看出，增大墙厚虽然能提高其承载力，但是安全储备和延性系数都显著降低，即适当增大该体系结构的墙厚可以提高承载力，但相应是以牺牲构件的延性为代价。

- 从表中可以看出增加组合柱可以显著提高延性和承载力，特别是增加端柱，对提高安全储备及增加延性都十分有利。
- 比较混凝土强度等级不同的 SSW2、SSW7、SSW8 可知，随着混凝土强度的增大，小剪跨比复合剪力墙的极限承载力也随之增大，极限位移有一定程度的降低。若使用超高强混凝土，其两项指标都反向发展，不利于结构抗震。
- 比较 SSW13、SSW2、SSW5、SSW6 可知：$\lambda<1$ 时极限承载力的下降速度较均匀，屈服位移增加幅度较小，极限位移稳步增加，但剪跨比 $\lambda>1$ 时，极限位移有较大增加。延性系数从 2.5 左右增加到 8.0，增幅较为显著，安全系数也有所提高。但延性系数的增加是以牺牲后期刚度为代价的。在实际应用中应适当增大剪跨比。
- 在两层试件中，带缝剪力墙 SSW3 比普通剪力墙 SW3 的屈强比低而延性值大，说明其从明显屈服到极限破坏的发展过程较长，即在有楼板层约束的情况下进入屈服阶段后的发展过程较长。
- 比较 SSW2、SSW10、SSW11，即提高复合剪力墙配筋率时，其承载力各项指标均有小幅提高，屈强比略有减少，但其延性系数却迅速减少，所以提高配筋率不能解决延性问题。

2. 刚度衰减

从表 6-6 中可以看出，各试件刚度的衰减具有下述共同特征：从加载开始到结构明显开裂为刚度速降阶段；从结构明显开裂到明显屈服为刚度次速降阶段；从明显屈服到最大弹塑性变形为刚度缓降阶段。

总结起来刚度衰减呈现如下特点：①屈服割线刚度相对开裂割线刚度有显著降低，轴压比较大的试件割线刚度衰减较快；②小剪跨比带缝墙随着剪跨比的增大，其三个阶段的刚度均呈下降的趋势，而且剪跨比越大，下降的幅度也越大，说明低剪力墙的剪跨比对其各方面的性能的影响都比较显著；③增大混凝土强度，能提高带缝剪力墙的初始刚度，但后期刚度衰减较快，且随着混凝土强度提高，刚度几乎不再变化；④在带缝剪力墙两边设置边柱可以显著降低割线刚度的衰减，而中柱对割线刚度变化作用不明显；⑤提高配筋率可提高带缝剪力墙构件的极限承载力，但刚度基本上没有什么变化，即不能通过提高配筋率改变构件的初始刚度或后期刚度；⑥对比带缝墙和普通剪力墙的各项衰减系数可见，带缝墙屈服刚度衰减系数与普通剪力墙相当，而极限刚度衰减系数却比普通剪力墙高，表明了带缝墙在屈服前后的刚度变化比例大于普通剪力墙，即小剪跨比带缝剪力墙后期刚度较稳定。

表 6-6　保温墙模带缝剪力墙与普通剪力墙刚度与延性对比表

试件编号	u_c	K_c	u_y	K_y	u_d	K_u	β_{yc}	β_{uy}	μ_{yu}	μ
SW1	0.176	549	1.376	93	2.909	13	0.170	0.140	0.910	2.114
SW2	0.183	553	1.482	88	2.830	19	0.160	0.159	0.216	1.910
SW3	0.422	116	2.755	20	6.027	4	0.17	0.20	0.878	2.188
SSW1	0.182	460	1.433	72	3.539	14	0.156	0.194	0.859	2.470
SSW2	0.252	342	1.438	66	2.850	31	0.193	0.470	0.789	1.982
SSW3	0.498	89	1.568	33	5.823	6	0.370	0.18	0.754	3.714
SSW4	0.366	232	1.441	86	2.325	16	0.371	0.186	0.927	1.613
SSW5	0.680	74	2.167	25	17.382	2	0.338	0.080	0.771	8.021
SSW6	0.983	52	2.271	22	18.717	1.4	0.423	0.064	0.779	8.242
SSW7	0.374	398	0.952	125	1.965	40	0.314	0.320	0.844	2.064
SSW8	0.415	402	1.655	67	2.282	17	0.167	0.253	0.957	1.379
SSW9-150	0.244	511	0.623	149	0.990	54	0.292	0.362	0.901	1.589
SSW10	0.233	439	1.566	96	2.287	55	0.219	0.573	0.853	1.460
SSW11	0.245	372	1.752	100	2.552	57	0.267	0.570	0.841	1.467
SSW12	0.220	401	1.926	68	3.928	5	0.170	0.074	0.954	2.040
SSW13	0.209	702	2.245	180	5.532	24	0.256	0.615	0.743	2.464

6.3.6　骨架曲线

第一次加载曲线与滞回曲线各滞回环峰值点的连线构成的滞回线外包络线称为骨架曲线。通常钢筋混凝土剪力墙的骨架曲线与单调加载时的力—变形曲线相近。但是如果出现严重的剪切、钢筋粘结滑移的影响，则骨架曲线将明显低于单调荷载的力—变形曲线，如图 6-18 和图 6-19 所示的模拟的 SW1 和 SSW2 骨架曲线。

采用 ANSYS 分析时，不论单调加载还是往复加载，都很难得到下降段，所以骨架曲线只能比较其上升段。从上述比较可以看出，加载的初始阶段其单调加载及往复加载的骨架曲线基本重合，但进入非线性阶段以后，往复加载的骨架曲线明显低于其单调加载，这是由于往复荷载作用下，先前破坏的混凝土影响后续加载，即“鲍兴格”效应，所以单调加载到极限时的承载力大于往复加载。

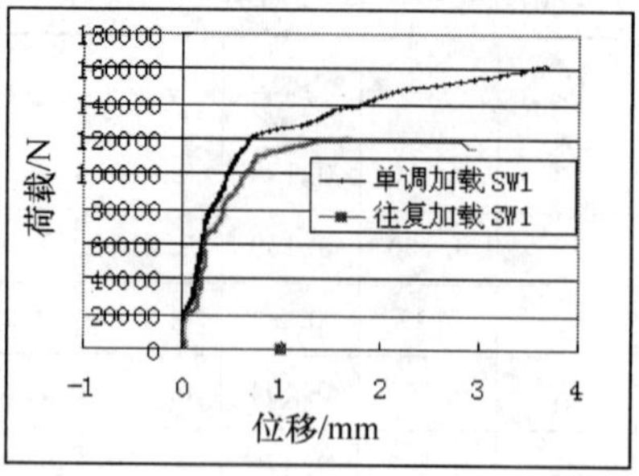

图 6-18　SW1 骨架曲线比较

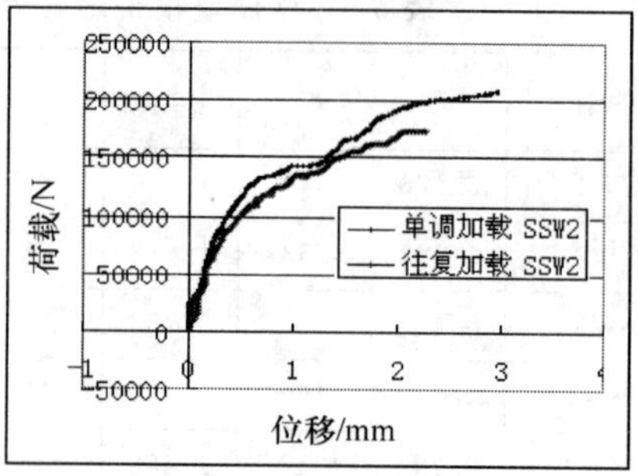

图 6-19　SSW2 骨架曲线比较

图 6-20～图 6-33 为剪力墙试件在不同几何、物理参数下的单调荷载骨架对比曲线。

普通墙与带缝墙比较(轴压比 0.10)：

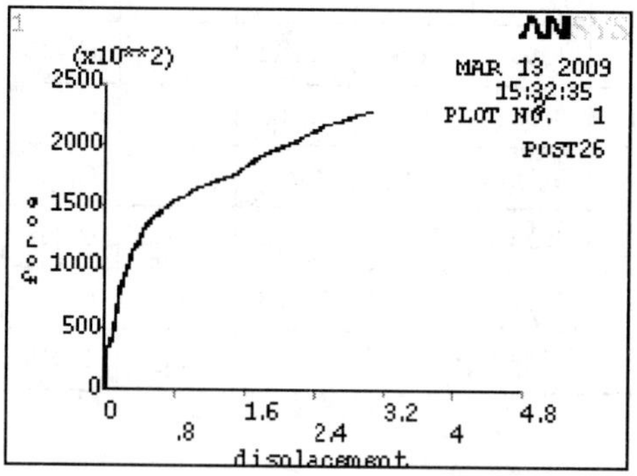

图 6-20　SW1 力与位移曲线

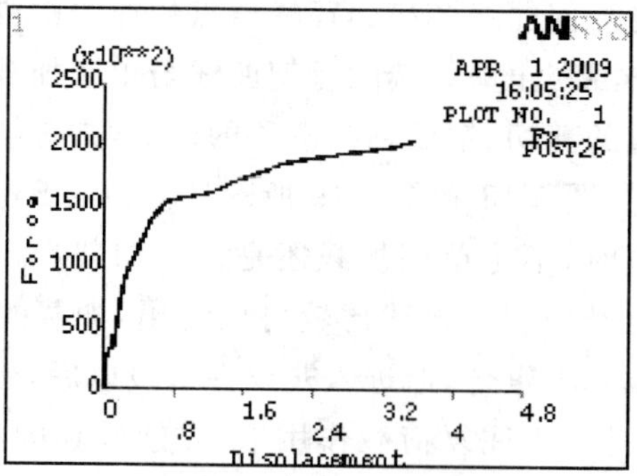

图 6-21　SSW1 力与位移曲线

带缝墙不同轴压比比较(轴压比 0.15,0.2)：

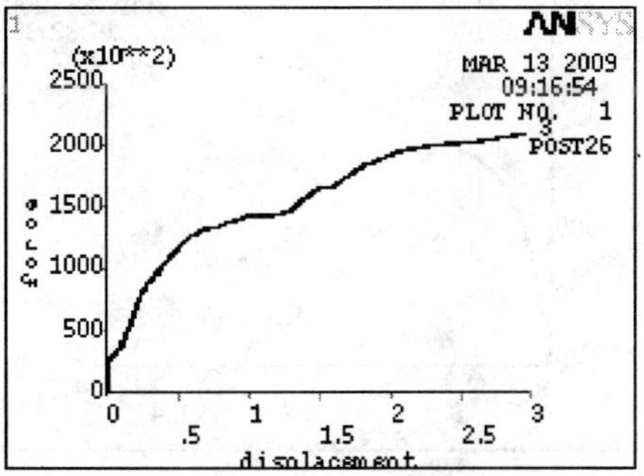

图 6-22　SSW2 力与位移曲线

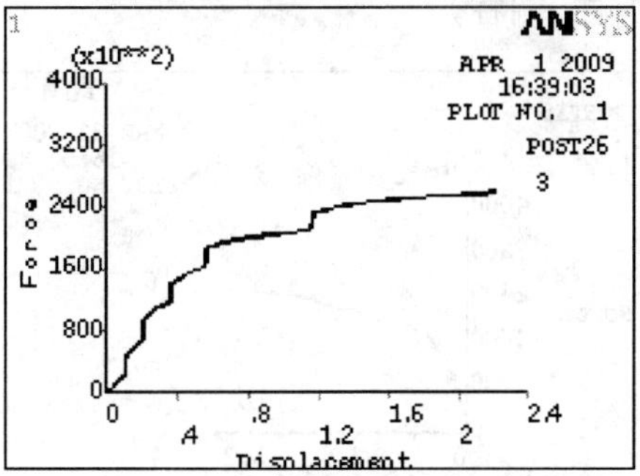

图 6-23　SSW4 力与位移曲线

不同墙厚比较(轴压比 0.1,墙厚分别为 150,120)：

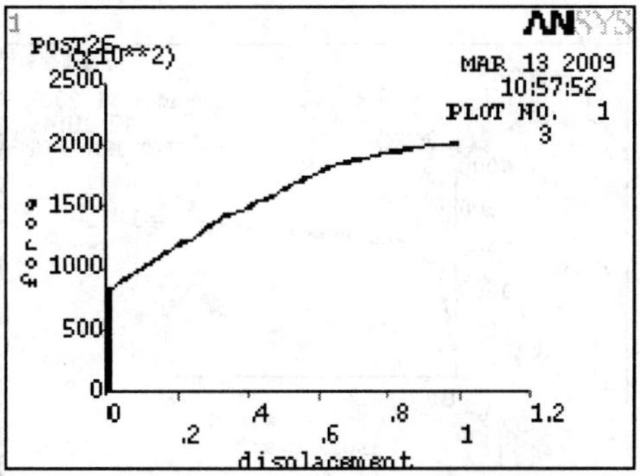

图 6-24　SSW9-150 力与位移曲线

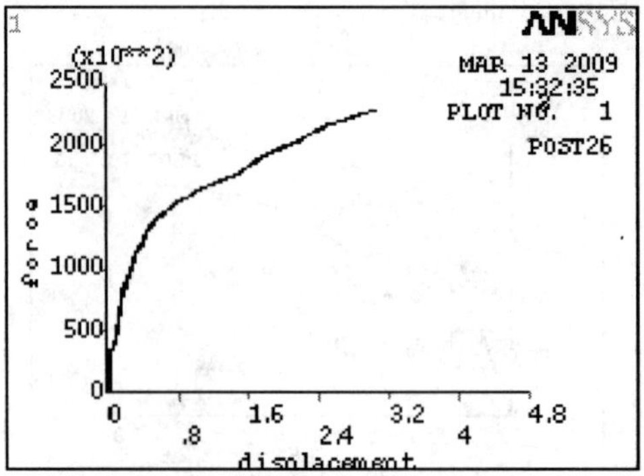

图 6-25　SSW1 力与位移曲线

有无组合柱比较(中柱,端柱):

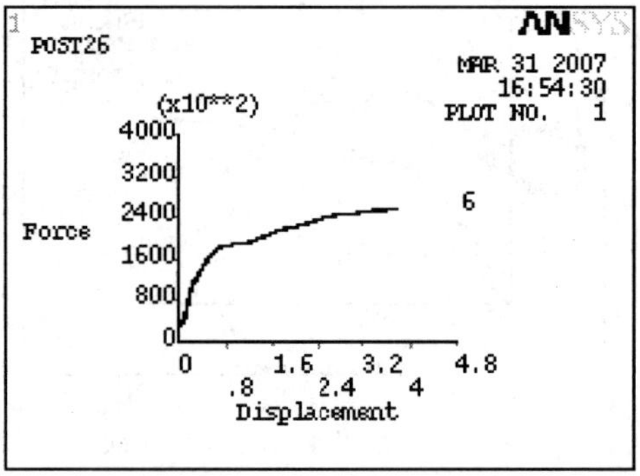

图 6-26　SSW12 力与位移曲线

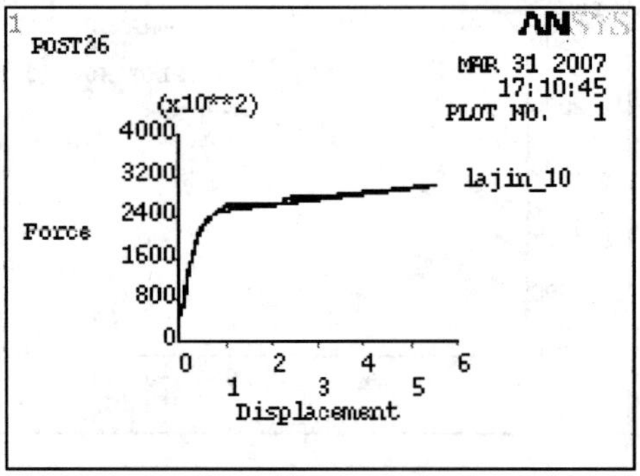

图 6-27　SSW13 力与位移曲线

不同强度比较(C50,C80;轴压比为 0.15):

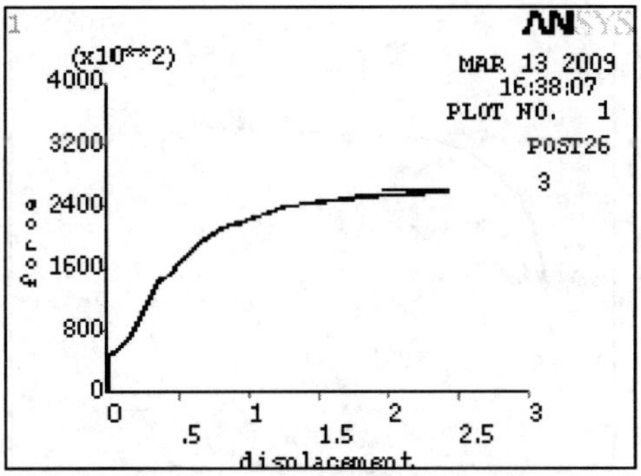

图 6-28　SSW7 力与位移曲线

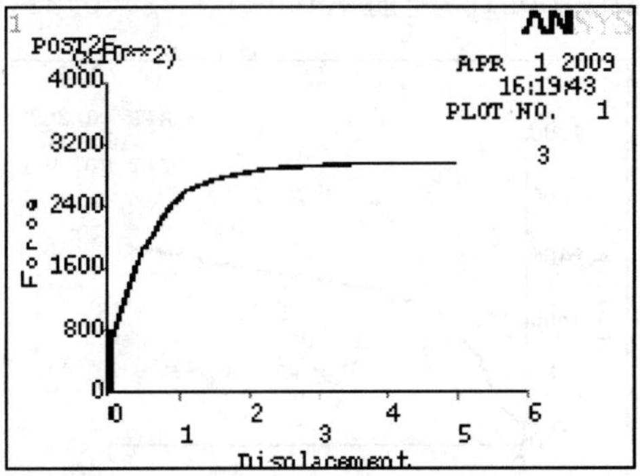

图 6-29　SSW8 力与位移曲线

不同剪跨比(轴压比为 0.15,剪跨比分别为 1.89,2.36)：

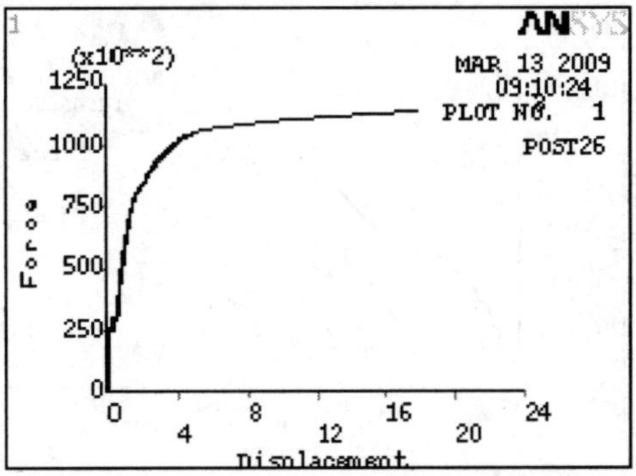

图 6-30　SSW5 力与位移曲线

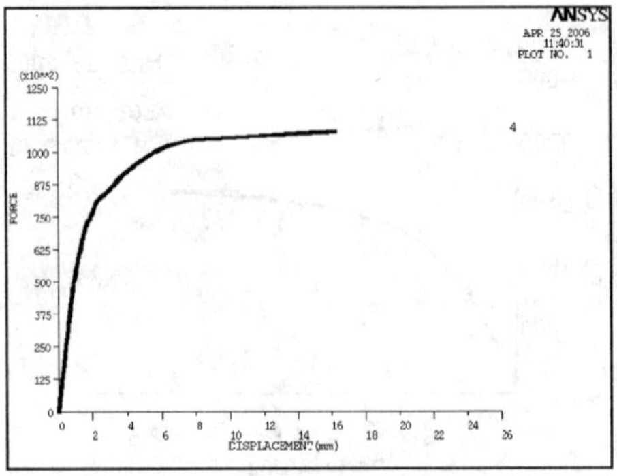

图 6-31　SSW6 力与位移曲线

不同配筋率(轴压比为 0.15;配筋率 0.60(0.42)、0.82(0.65)):

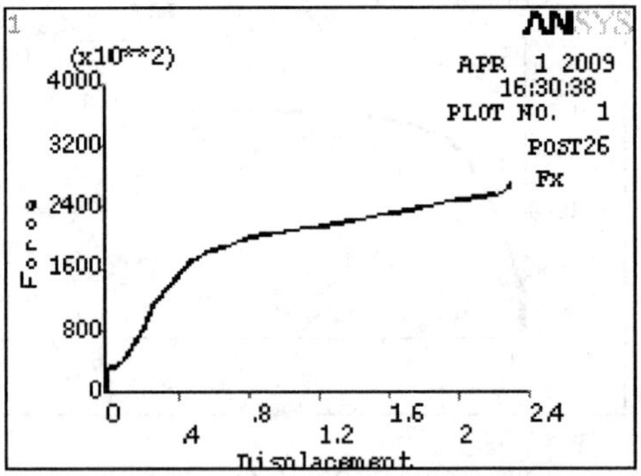

图 6-32　SSW10 力与位移曲线

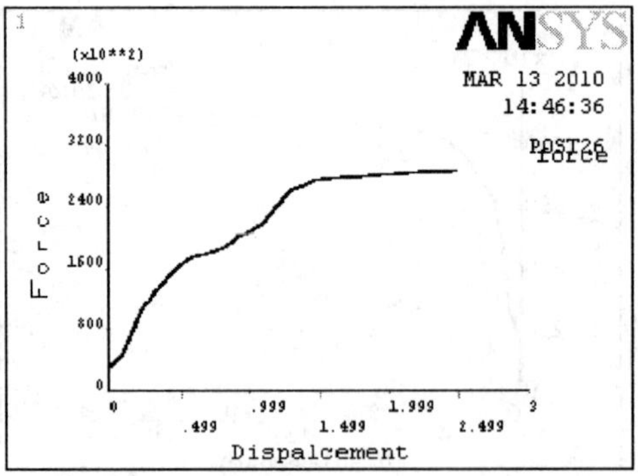

图 6-33　SSW11 力与位移曲线

由图 6-20 与图 6-21 的比较可知,普通墙的承载力高于带缝剪力墙,但是相差幅度不大,在 10%以内,带缝墙的极限位移要比普通墙大,其延性优于普通剪力墙。由图 6-22 和图 6-23 可知，在轴压比增大时，其承载力在屈服阶段略有提高，但最终导致破坏时极限位移较小，延性较差，所以对带缝墙轴压比应限制。由图 6-24 和图 6-25 可知，增加中柱对承载力稍有影响，即能增大屈服阶段荷载(约提高 12% 左右)，但在两边设置端柱各阶段承载力明显提高，且位移远大于无组合柱和中柱，证明增加端柱效果较好。比较图 6-30 和图 6-31 可以看出提高剪跨比虽然延性增大很多，但承载力也下降较多，所以应用本体系带缝剪力墙时应适当设计剪跨比。

6.3.7　恢复力模型

滞回曲线与骨架曲线统称为恢复力曲线，恢复力表征构件卸载后恢复原有变形的能力。故恢复力曲线表征恢复力与变形的关系，或者表征在循环往复荷载作用下构件的变形过程。

混凝土结构构件实际的恢复力曲线十分复杂，难以直接用于结构抗震分析，目前有两大类恢复力模型:曲线型模型和折线型模型。曲线型模型刚度连续但计算复杂。而折线型模型由若干折线段组成，计算较为简便。图 6-34 为四线型模型，图 6-35 为三线型模型。

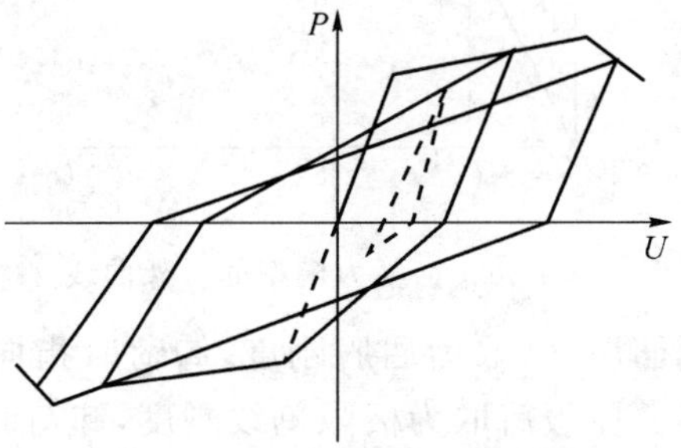

图 6-34　四线型模型

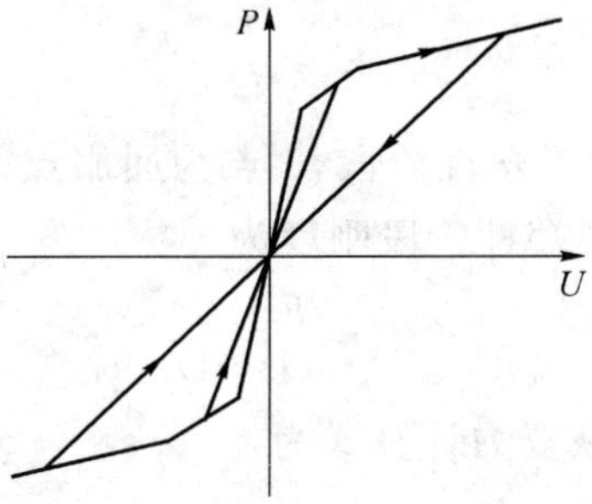

图 6-35　指向原点的三线型模型

从本文中的模拟试验可知，小剪跨比带缝剪力墙具有如下恢复力特征：

由图 6-34 和图 6-35 可以看出，当小剪跨比带缝剪力墙体混凝土未开裂时，骨架曲线基本趋于直线变化，随着荷载增加，微小裂缝出现，刚度退化不明显，残余变形非常小。随着荷载增加，剪力墙中出现明显裂缝，洞口连梁端部裂缝密集，墙体中的分布钢筋达到屈服，塑性变形加大，出现刚度退化，卸荷至零时存在明显残余变形。随着荷载加大直至达到最大承载力，荷载降低、侧移量和残余变形相当大，构件破坏。

根据以上恢复力特征确定的带缝剪力墙的恢复力计算模型为：

恢复力模型的骨架曲线采用三折线模型，其转折点为混凝土开裂点和屈服点。开裂前按弹性考虑，取为初始刚度，卸荷时不考虑刚度退化和残余变形，如图 6-36 所示。

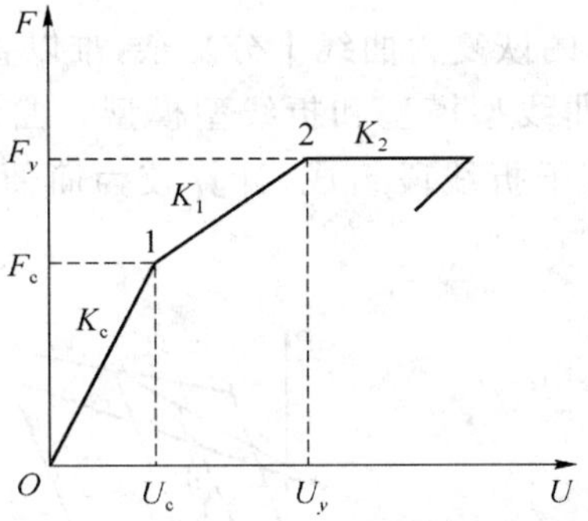

图 6-36　恢复力模型的骨架曲线

从混凝土开裂到钢筋屈服，取为屈服刚度，卸荷时指向反向荷载的开裂点，考虑刚度退化和残余变形。屈服后取为极限割线刚度，卸荷时刚度有较大折减，取为 K_2。恢复力特征的计算模型分段表达式：

第一段 0～1 段为正向弹性阶段，恢复力表达式为

$$K_e=\frac{F_c}{U_c} \tag{6-6}$$

第二段 1～2 段为正向弹塑性阶段，2 点为屈服点，相应的坐标为屈服荷载 F_y 与屈服位移 U_y，由此得到弹塑性阶段刚度为

$$K_1=\frac{F_y-F_c}{U_y-U_c} \tag{6-7}$$

换算可得到此阶段的恢复力计算式为

$$F=F_c+\alpha K_e(U-U_c) \tag{6-8}$$

第三段根据模拟结果简化取 K_2 为 0。

式中，K_e 为弹性刚度，初始刚度；K_1，K_2 为弹塑性刚度，极限割线刚度；α 为刚度降

低系数(通过 6.3.5 节计算,对于 120 mm 的带缝剪力墙墙体可取 0.2 作为参考计算值);F_c,F_y 为开裂,屈服荷载;U_c,U_y 为开裂,屈服位移。

6.4 本章小结

本章通过有限元模拟,分析了小剪跨比带缝剪力墙和普通剪力墙的破坏过程,并对相应力学指标进行了比对分析。在此基础上对小剪跨比带缝剪力墙进行了抗震性能影响因素分析和其他力学指标研究。主要内容有以下方面:

对带缝剪力墙与普通剪力墙的破坏过程、应力应变、荷载特征点、刚度退化等进行了力学比对,通过比对可以看出体系形成的带缝剪力墙与普通剪力墙相比有以下特点:当荷载较小时,连梁的作用使得墙体整体受力,其弹性阶段的受力基本与普通剪力墙相差无几,即能满足在小震作用下保持整体性的目的。随着荷载加大,带缝剪力墙受力进入非线性,连梁开始出现斜裂缝,在接近钢筋屈服时裂缝布满所有连梁,此时连梁形成上下两棱柱,在荷载作用下有相互左右错动迹象;荷载进一步增大,连梁断裂,荷载开始进入下降段。

从破坏过程上看,体系小剪跨比带缝剪力墙能满足在小震作用下保持普通剪力墙的特征,当荷载超过弹性限度时,连梁首先开始破坏,进一步增大到极限荷载时,连梁断裂,小剪跨比剪力墙变成延性较好的大剪跨剪力墙,从而减小体系结构刚度消耗地震能量,这点在刚度分析和位移延性中得到了验证。

从应力应变图上可以看出带缝剪力墙连梁未破坏前,应力应变主要沿 45°线分布,以剪应力—应变为主;当达极限承载力时,连梁继而转变为剪跨比较大的剪力墙,应力—应变以弯曲为主,即在地震作用下小剪跨带缝剪力墙能由刚度较大的剪力墙转变为延性较好的大剪跨比剪力墙,从而实现了“适当降低承载力而增大结构延性”的设想。

通过对带缝剪力墙截面钢筋应变分析可以看出,小剪跨带缝剪力墙在水平荷载下截面基本保持平截面假定。承载力可以参照现有剪力墙计算公式计算,但应扣除洞口面积的影响。

综合分析了各参数变化对小剪跨带缝剪力墙的承载力、刚度等的影响。通过分析可知在设计小剪跨带缝剪力墙时应注意以下几点:①适当控制轴压比,不宜超过 0.2。②剪跨比对带缝剪力墙的承载力影响较大,小剪跨比的带缝剪力墙的连梁破坏较大剪跨比剪力墙严重;剪跨比越大,墙体承载力下降越明显,破坏集中在下部 2/3 处,虽然各性能指标较好,但提高剪跨比不利于充分利用材料。③设置边、中柱对小剪跨比带缝墙开裂荷载影响很小,增加边柱时带缝墙的承载力有显著提高(大约为没有端柱的35%),组合柱在墙中部对承载力的提高和降低最大位移不起主要作用;带缝墙设置边柱比设置中柱能够得到更好的变形和延性。④提高混凝土强度等级能显著提高小剪跨比带缝剪力墙的开裂荷载和极限荷载,但当其混凝土等级较高时(C50以上时),其极限承载力却呈下降趋势,屈强比较大,安全储备较低,且延性系数也有很大降低。建议带缝剪力墙使用C50以下混凝土。⑤配筋率变化时,带缝剪力墙的初始刚度基本没有变化,屈服刚度也基本一致,且屈服位移较为接近。配筋率对极限承载力有影响,但并不显著。即配筋率提高到一定的程度后,其影响程度逐渐减弱。

对小剪跨比带缝剪力墙构件的 F-Δ 曲线进行了分析,分析表明小剪跨带缝剪力墙的恢复力模型可采用三折线型。

第 7 章　大剪跨比带缝剪力墙抗震性能模拟分析

本章主要针对大剪跨比剪力墙(剪跨比为 2.05～2.67)构件在竖向压力作用下的水平加载进行模拟,以研究剪跨比较大的带缝剪力墙在竖向力和水平荷载作用下的破坏形态、变形能力等抗震性能。本章中材料性能参数均与第 6 章中相同。

7.1　有限元模型的建立

试件设计原则:剪跨比大于 1.5,运用正交试验原理兼顾考虑不同轴压比、剪跨比、混凝土等级、有无组合柱及组合柱的位置。按照上述原则设计了 11 片试件,其中带缝墙体 10 片,普通墙 1 片。试件长度为一块半砌模长度,带缝墙内配有 2Φ6 通长水平和竖直钢筋。组合柱纵向钢筋为 4Φ10。试件外形如图 7-1 和图 7-2 所示。详细尺寸列于表 7-1。顶面施加 2.2 N/mm^2 的均布竖向荷载(轴压比为 0.15),后在加载顶梁端施加 X 方向单调水平荷载。为防止加载过程出现局部应力过大,导致局部混凝土压坏,在模型的顶部设置刚梁,水平荷载加在刚梁上。分级加载采用位移的收敛容限的控制方式,直到结构破坏。

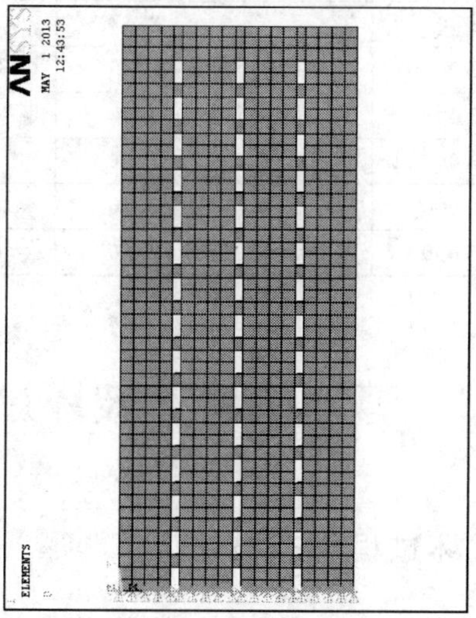

图 7-1　带缝墙模型

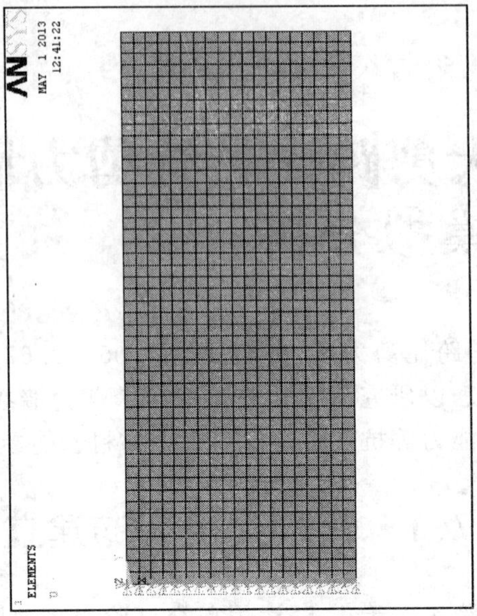

图 7-2　普通剪力墙模型

表 7-1　大剪跨比带缝墙试件主要参数

试件编号	长度/mm	高度/mm	组合柱	剪跨比	轴压比	混凝土强度等级
SSW1	1 270	3 000	无	2.36	0.13	C30
SSW2	1 270	3 000	无	2.36	0.15	C30
SSW3	1 270	3 000	无	2.36	0.18	C30
SSW4	1 270	2 600	无	2.05	0.15	C30
SSW5	1 270	3 400	无	2.67	0.15	C30
SSW6	1 270	3 000	中柱	2.36	0.15	C30
SSW7	1 270	3 000	边柱	2.36	0.15	C30
SSW8	1 270	3 000	无	2.36	0.15	C60
SSW9	1 270	3 000	无	2.36	0.15	C80
SW1	1 270	3 000	无	2.36	0.15	C30

7.2　剪力墙基本破坏过程

7.2.1　带缝剪力墙破坏过程形态描述

对于带缝高剪力墙，在水平荷载作用下，首条裂缝出现在加载侧底部边缘处，裂缝为水平方向。随着荷载的加大,水平裂缝向受压区延伸,随后新的水平裂缝出现的位置向上发展,洞口上连梁部分陆续出现竖向裂缝,水平荷载—顶点位移曲线进入非线性阶段。连梁竖向裂缝出现的顺序是先墙肢的中下部,然后逐渐向上发展;继续增大荷载,更多的连梁两端出现竖向裂缝,中下部连梁的竖向裂缝已经连通;墙肢下部水平裂缝继续向受压区延伸,出现贯通的水平裂缝。下部几层的连梁出现斜裂缝,随着位移的增大,出现斜裂缝的连梁增多。连梁裂缝首先发生在受压区一侧,然后向受拉区发展。随后,受压区混凝土出现受压的竖向裂缝,更多的连梁出现斜裂缝。最后受拉区混凝土裂缝向上发展到最高处,受压区连梁从下至上剪切破坏,下部混凝土压碎。其破坏过程如图 7-3 所示。剪跨比 2.67 的无组合柱试件以及中间有组合柱的试件,墙肢和连梁的破坏主要集中在墙肢中下 2/3 高度范围之内,墙底的水平裂缝已贯通,连梁靠近受压区部分连梁破坏,靠近受拉区部分破坏较轻。通过位移观察,墙肢的破坏呈现比较明显的整体弯曲破坏的特点;剪跨比为 2.05 的试件以及两端有组合柱的试件,与大剪跨试件相比墙肢底部破坏较轻,但连梁破坏较早也较严重,几乎所有的连梁都出现裂缝,大部分连梁出现斜裂缝。

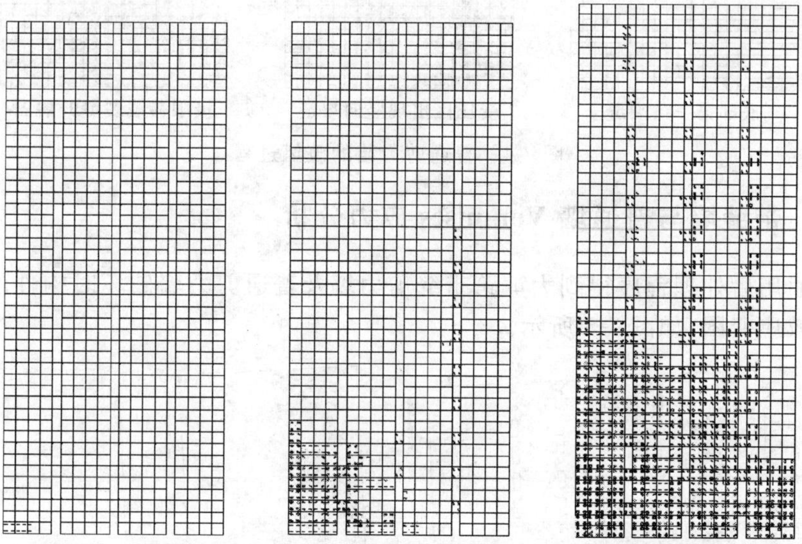

底部第一条裂缝　　受压区连梁第一排裂缝　　极限裂缝开展图

图 7-3　带缝剪力墙破坏过程

对于普通大剪跨比剪力墙,由于其不存在洞口,在加载初期没有应力集中的现象,在水平荷载作用下,首条裂缝出现在加载侧底部边缘处,裂缝为水平方向,可以称为水平裂缝。随着水平荷载的增加,水平裂缝慢慢向受压区延伸,同时上部又出现一批新的水平裂缝。随着荷载不断增大,上部原来形成的水平裂缝向斜下方发展,形成斜裂缝,并且水平裂缝不断向上发展。水平荷载持续增大,斜裂缝及水平裂缝迅速向斜下方发展，并且几条细斜裂缝形成一条明显的斜裂缝，可以称为临界裂缝。当水平荷载接近极限荷载时，临界裂缝的宽度和深度不断增大，最后导致受压区混凝土剪压破坏。大剪跨剪力墙的最终裂缝如图 7-4 所示。

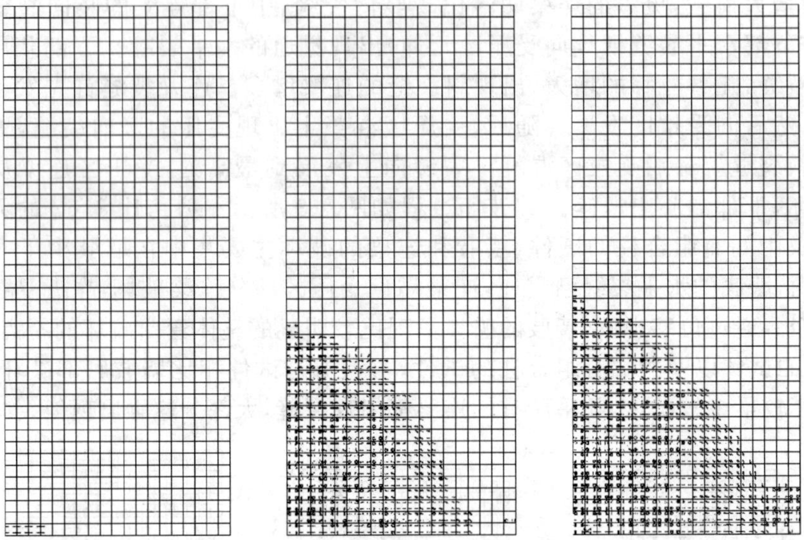

底部第一条裂缝　　受压区出现竖向裂缝　　极限荷载裂缝开展图

图 7-4　普通剪力墙的破坏过程

7.2.2　带缝墙与普通墙 Vonmises 应力分析

经通用后处理程序得到大剪跨带缝剪力墙及普通剪力墙破坏时构件的等效应力与等效应变图，如图 7-5 所示。

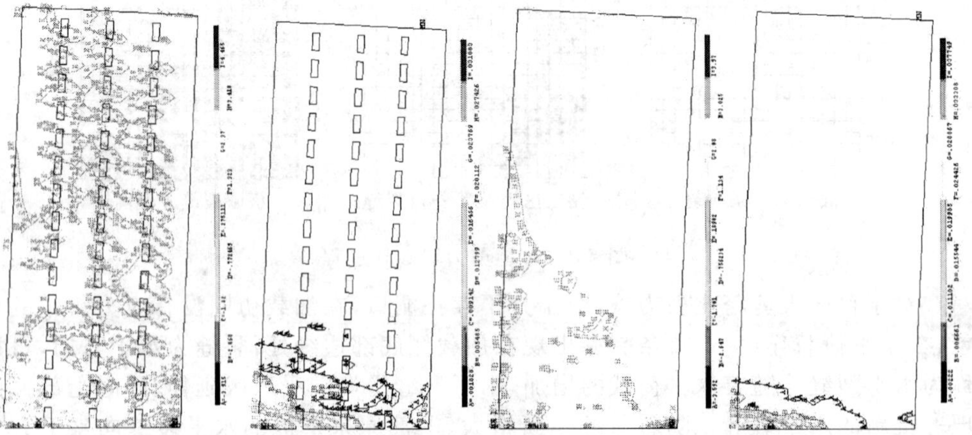

图 7-5　带缝墙与普通墙极限应力、应变图

通过对带缝剪力墙和普通剪力墙的应力、应变对比分析可知，开缝对墙体的应力影响很大，从受荷开始到试件最后破坏，带缝墙的受力都较普通墙均匀得多。开裂前，由于缝的存在，带缝墙的最大应力、应变处于洞口附近，最大应力较普通墙低；而普通墙最大应力、应变则集中在墙的底部，造成底部的应力应变较大。开裂后，无论是带缝墙还是普通墙都表现出了明显的应力、应变重分布。因为开裂后钢筋承受拉应力，使得混凝土的变形迅速加大，造成了局部的应变很大。刚刚开裂的时候，带缝墙与普通墙的应力应变的分布形状在总体上大致相同，只是由于开洞造成的应力集中，在洞口周围应力分布产生了显著的变化。极限状态下，由极限应力图可知：带缝墙的应力比较均匀，应力在大部分截面上变化不大；而普通剪力墙的应力较大处主要集中在受拉区底部的三角范围内。由极限应变图可知：普通剪力墙的应变最大处主要集中在受拉区的小三角范围内，没有能够充分展开；而带缝剪力墙在达到极限荷载时变形充分发展，比普通剪力墙在破坏时有更多的混凝土达到最大应变值。由此可见，对剪力墙开缝可以使应力更加均匀地分布，使得在破坏时比普通墙有更多的单元达到破坏，从而提高了墙体承载力的实际利用率。

7.3　承载力与变形能力分析

对各试件进行了模拟分析以后，再分组进行比较，最终确定剪跨比、轴压比、边柱及中柱设置、混凝土强度等级等因素对大剪跨比带缝剪力墙试件的影响程度，并与普通墙各项指标进行比较。

7.3.1　荷载破坏过程主要特征值

试件各裂缝阶段对应的水平荷载、顶点位移如表 7-2 所示。

表 7-2　带缝剪力墙试件裂缝阶段对应的水平荷载、位移和位移角

试件编号		SSW1	SSW2	SSW3	SSW4	SSW5	SSW6	SSW7	SSW8	SSW9	SW1
墙底水平裂缝	V	46.8	51.6	56.7	58.8	43.3	52.2	52.8	73.7	98.2	49.4
	Δ	0.902	0.983	1.063	0.772	1.218	0.979	0.948	0.979	0.962	0.887
	θ	1/3326	1/3052	1/2822	1/3368	1/2791	1/3064	1/3165	1/3064	1/3118	1/3382
	δ	48.1%	47.8%	46.5%	49.0%	47.2%	48.8%	41.9%	51.1%	55.8%	49.3%
屈服点	V	78.0	89.0	99.6	98.0	82.0	99.4	114.2	130.2	163.8	93.6
	Δ	3.879	4.654	5.324	2.988	5.213	5.163	3.027	5.078	5.827	3.146
	θ	1/773	1/645	1/563	1/870	1/652	1/581	1/991	1/591	1/515	1/594
	δ	86.4%	88.9%	88.6%	87.0%	89.5%	93.0%	90.6%	90.2%	93.0%	93.4%

续表

试件编号		SSW1	SSW2	SSW3	SSW4	SSW5	SSW6	SSW7	SSW8	SSW9	SW1
墙底竖向裂缝	V	97.2	108	121.8	120.0	90.4	124.6	152.3	140.2	172.2	97.6
	Δ	13.16	16.28	18.98	10.80	21.95	19.02	24.25	13.24	9.52	10.04
	θ	1/491	1/447	1/413	1/518	1/385	1/440	1/476	1/449	1/446	1/511
	δ	95.0%	95.6%	91.5%	96.0%	98.6%	97.0%	95.2%	97.2%	97.8%	97.4%

注：表中 V 表示水平荷载的大小；Δ 为各阶段顶点位移；θ 为各阶段顶点的位移角。表中还给出了裂缝阶段水平荷载与极限荷载的比值，以 δ 表示。

从表 7-2 可知，带缝剪力墙试件墙体和普通墙试件开裂时的荷载与极限荷载比值大约都为 45%～50%。各个试件开裂时的位移角均小于 1/1500，其中轴压比大的试件开裂时的顶点位移角大，剪跨比大的试件开裂时的顶点位移角也大。增加边柱或者中柱可以降低位移角的大小；开裂荷载随轴压比增大而增大，随着剪跨比的增大而明显降低；混凝土等级提高，导致屈服荷载与极限荷载比值明显增大，C60 以上混凝土比 C30 混凝土提高 5%～10%，使得墙体的安全储备系数减小。带缝剪力墙的开裂荷载、位移角比相对应的普通墙小；增大轴压比对带缝剪力墙的开裂荷载提高幅度大于对普通墙的提高幅度；剪跨比变化对带缝墙和普通墙的影响都比较明显。增加边柱能改变带缝墙的破坏形式，对极限承载力影响较大；增加中柱，无论是对普通墙还是对带缝墙开裂荷载影响均很小。

7.3.2 带缝墙钢筋应变分析

在水平加载阶段初期，钢筋应变都不大，主要是在竖向力加载下的压应变。达到最大承载能力时，受拉端最外边缘墙底截面纵向钢筋的应变都超过 0.002，最大可达 0.005；受压端最外边缘墙底截面纵向钢筋的压应变也超过 0.002，有的墙体可达 0.004，与墙底出现受压竖向裂缝的现象一致；靠近墙中部钢筋，钢筋未屈服。图 7-6 给出了代表性试件 SSW2 在不同大小水平力作用下墙底截面处纵筋应变的分布。从图中可以看出对于带缝墙基本符合平截面假定，即承载力可以按照现有的剪力墙承载力公式计算，但应考虑缝所占面积的影响。

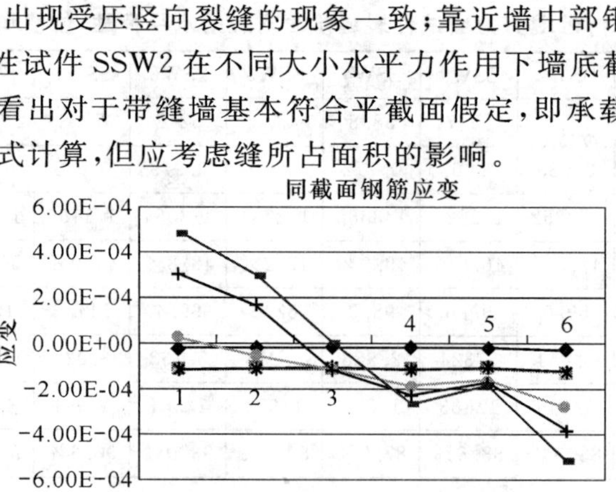

图 7-6　竖向钢筋应变分布图

7.3.3　带缝剪力墙有限元与理论承载力计算比较

从钢筋应变分析可以看出，本体系的带缝剪力墙计算可以参考现有剪力墙的计算公式作为参照。类似于小剪跨比剪力墙的模拟分析，本节进行了有限元的模拟结果与理论计算结果的比较。其计算值如表 7-3 所示。

表 7-3　公式与程序计算结果对比

项目 \ 编号		SSW1	SSW2	SSW3	SSW4	SSW5
开裂荷载	程序计算结果 V_{crj}	46.8	51.6	56.7	58.8	43.3
	剪力墙公式 V_{crl}	56.1	58.8	66.15	74.3	63.7
极限荷载	程序计算结果 V_{uj}	97.2	108	121.8	120.0	90.4
	剪力墙公式 V_{ul}	116.5	118.9	122.5	129.2	111.5
项目 \ 编号		SSW6	SSW7	SSW8	SSW9	SW1
开裂荷载	程序计算结果 V_{crj}	52.2	54.6	73.7	98.2	49.4
	剪力墙公式 V_{crl}	58.8	58.8	84.1	105.2	57.3
极限荷载	程序计算结果 V_{uj}	124.6	152.3	140.2	162.2	97.6
	剪力墙公式 V_{ul}	127.5	154.4	149.9	164.6	119.3

7.3.4　试件的位移延性系数、割线刚度、屈强比

本节考查大剪跨比带缝剪力墙的延性、刚度及屈强比随轴压比、混凝土强度及剪跨比变化的规律。具体数值计算如表 7-4 所示。

表 7-4　保温墙模带缝剪力墙与普通剪力墙刚度与延性对比表

试件编号	u_c	K_c	u_y	K_y	u_d	K_u	β_{yc}	β_{uy}	μ_{yu}	μ
SSW1	0.902	51.88	3.179	13.70	13.16	1.935	0.264	0.141	0.802	4.14
SSW2	0.983	52.49	3.854	13.02	16.28	1.529	0.248	0.117	0.824	4.22
SSW3	1.063	53.34	4.624	12.05	18.97	1.546	0.226	0.128	0.818	4.10
SSW4	0.772	76.17	2.678	20.56	10.80	2.709	0.270	0.132	0.817	4.03
SSW5	1.218	35.55	5.213	9.69	21.95	0.478	0.272	0.050	0.895	4.21
SSW6	0.979	53.3	5.163	11.28	19.02	1.818	0.212	0.161	0.931	3.73
SSW7	0.948	55.70	3.027	29.53	24.25	1.696	0.530	0.066	0.906	8.01
SSW8	0.979	75.30	5.078	13.78	13.24	1.225	0.183	0.089	0.903	2.28
SSW9	0.962	102.1	5.827	13.48	9.52	2.274	0.132	0.168	0.931	1.63
SW1	0.887	55.69	3.146	19.56	10.035	0.958	0.351	0.048	0.934	3.49

分析表 7-4 可知：

- 带缝剪力墙的开裂位移、屈服位移及极限位移都较普通剪力墙的大，主要是由于两者刚度不同引起的。
- 相同轴压比下，带缝剪力墙的延性值均大于普通剪力墙的延性值。
- 带缝剪力墙的初始刚度、屈服刚度均小于普通剪力墙，主要是由于墙体上的孔缝造成的，而降低墙体刚度正是本结构体系的优越性之一，但带缝墙的后期刚度要比普通剪力墙的大。
- 对于大剪跨比构件，增大剪跨比可提高延性系数，但却是以牺牲刚度（尤其是后期刚度）为代价的，在实际应用中应适当设计剪跨比。
- 增大轴压比能提高大剪跨比带缝剪力墙构件的承载力，但随着轴压比的增大其后期刚度下降较多，且延性有所下降，所以通过轴压比提高承载力应受限制。
- 提高混凝土强度等级能显著提高带缝剪力墙构件的承载力，但从表中可以看出运用高强混凝土后延性下降较多。
- 无论是带缝剪力墙还是普通剪力墙，在开裂至屈服阶段以及屈服至极限阶段，其刚度都有较大程度的降低，轴压比越大，刚度降低越明显。对比带缝墙和普通墙的各项指标可见，带缝墙屈服刚度衰减系数 β_{yc} 比普通墙低，极限刚度衰减系数 β_{uy} 则比普通墙高，表明了带缝墙在屈服前的刚度退化程度大于普通墙，而在从屈服到极限荷载的过程中刚度变化较小，即带缝剪力墙后期刚度比较稳定。

7.3.5 骨架曲线

对比带缝剪力墙与普通剪力墙的骨架曲线（如图 7-7 所示）可以看出，带缝剪力墙在抗震承载力基本相当的情况下位移延性有很大增加。充分证明在竖向开缝削弱普通剪力墙刚度是合理的。

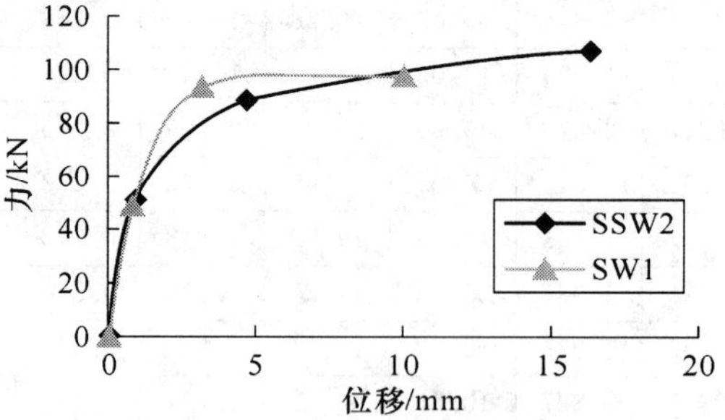

图 7-7　带缝剪力墙与普通剪力墙的骨架曲线对比

为便于对比分析大剪跨带缝剪力墙随参数变化的骨架曲线，在下面的分析中采用每三个为一组，如图 7-8 所示。

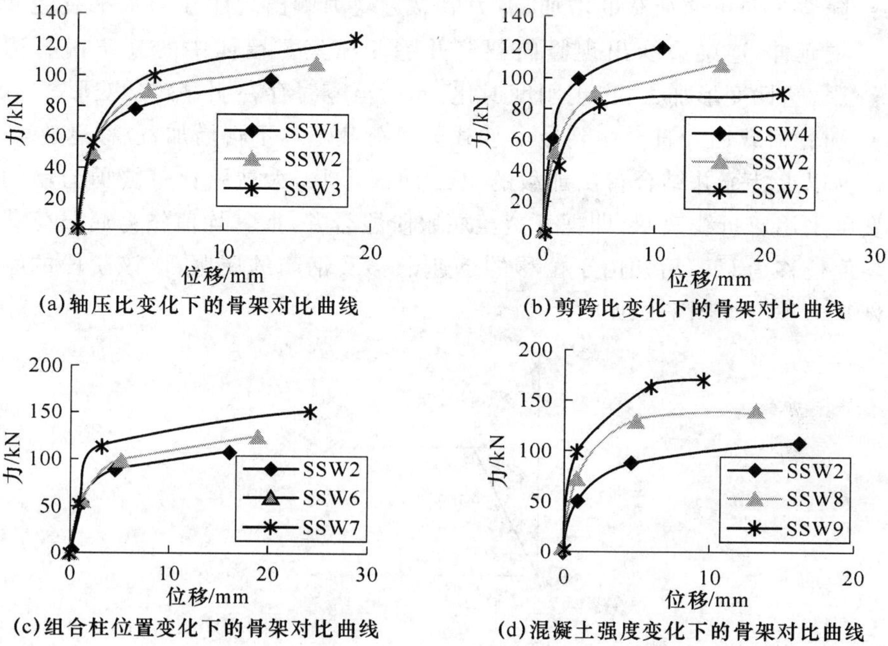

(a)轴压比变化下的骨架对比曲线　(b)剪跨比变化下的骨架对比曲线

(c)组合柱位置变化下的骨架对比曲线　(d)混凝土强度变化下的骨架对比曲线

图 7-8　参数变化下大剪跨比剪力墙的骨架曲线比对

由图 7-8 分析可知：

在轴压比增大时(SSW2、SSW3)，剪力墙承载力在屈服阶段后略有提高，分析可知，随着轴压比的增大位移延性降低，所以对带缝墙轴压比应限制。比较剪跨比变化下的骨架曲线可以看出随着剪跨比的增大，SSW4、SSW5 曲线走向基本没有改变，剪跨比增大使承载力降低较多，位移延性反向增加。增加组合柱对初始荷载影响较小，中柱 SSW6 对后期承载力稍有影响，即能增大屈服阶段后荷载约 5%左右，但在两边设置端柱的 SSW7 能使屈服后的带缝剪力墙各阶段承载力明显提高，且位移远大于无组合柱和中柱的试件的位移，证明增加端柱效果较好。最后通过比较混凝土强度变化下的骨架曲线可以看出，提高混凝土强度能显著提高带缝剪力墙的初始荷载和屈服荷载，但混凝土强度提高会导致构件的延性降低。

7.3.6　恢复力模型

通过对上节大剪跨比的荷载位移曲线分析可以看出，对于大剪跨比带缝剪力墙其恢复力模型具有如下特点：

- 当大剪跨比带缝剪力墙体混凝土未开裂时，试件的骨架曲线基本趋于直线变化，随着荷载增加微小的裂缝出现，刚度退化不明显，残余变形非常小。
- 随着正向单调荷载的增加，剪力墙靠近受力侧出现明显的水平裂缝并向右端延伸，连梁边缘出现竖向裂缝并趋于密集。墙体中的分布钢筋达到屈服，塑性变形加大，出现刚度退化，卸荷至零时存在明显残余变形。
- 随着荷载加大直至达到最大承载力。荷载基本不再增加，位移迅速增大。

根据以上特征并结合首次加载的 F-Δ 曲线形状，大剪跨比带缝剪力墙的恢复力模型可采用双折线表示，即把开裂至屈服阶段合并，取其均值作为屈服荷载 F_{cy}，对应均值位移为 U_{cy}；后期由于位移的迅速滑移及钢筋的屈服，取该阶段的刚度为零。恢复力模型如图 7-9 所示。

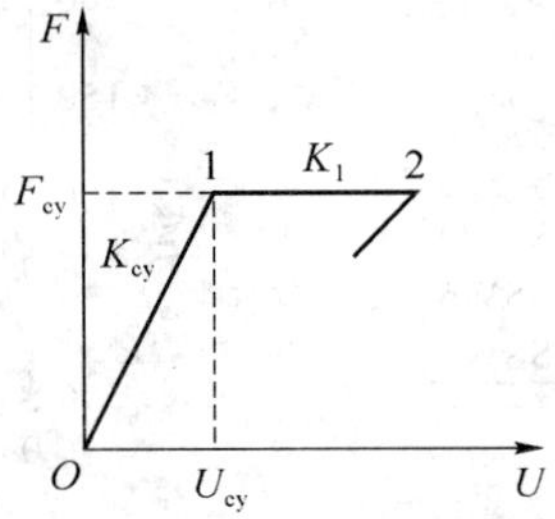

图 7-9　恢复力模型的骨架曲线

恢复力特征的计算模型分段表达式：

第一段 0～1 段为正向弹塑性阶段，恢复力表达式为

$$K_{cy}=\frac{F_{cy}}{U_{cy}}=\frac{F_c+F_y}{U_c+U_y} \tag{7-1}$$

第二段根据模拟结果简化取 K_1 为 0。

式中，K_{cy}为简化后弹塑性刚度，初始刚度；K_1为极限割线刚度；F_c为开裂荷载；F_y为屈服荷载；U_c为开裂位移；U_y为屈服位移。

7.4 本章小结

本章建立了 9 片具有不同参数的大剪跨比剪力墙和 1 片普通剪力墙模型，运用有限元方法对其抗震性能进行了模拟分析。通过分析可以得出以下结论：

大剪跨比带缝剪力墙具有比普通剪力墙良好的抗震性能，从破坏过程上看，带缝剪力墙在开裂阶段的破坏部分在预设部位，且极限承载力只略低于普通剪力墙，但总体上看无论大剪跨比带缝剪力墙还是普通剪力墙其破坏形式都是弯剪型破坏。但带缝墙更便于震后修复。

从底部竖向钢筋的应变分析可以看出，带缝剪力墙的截面应变基本符合平截面假定，带缝剪力墙的承载力计算公式可以参照现行规范，但应扣除小开口的影响。

通过参数变化比对分析可知，轴压比、剪跨比、组合柱及混凝土强度对大剪跨比带缝剪力墙的抗震承载力都有影响，但剪跨比及设置组合边柱对承载力的影响最大。对于合理利用大剪跨比带缝剪力墙的良好方式是适当设置轴压比(0.15 左右)，并在大剪跨带缝剪力墙的两边设置组合端柱。

根据模拟分析的构件 F-Δ 曲线特征和带缝剪力墙的刚度退化规律给出了大剪跨比剪力墙的双折线恢复力模型。

第8章　复合剪力墙结构体系试验楼抗震动力分析

在第6章和7章中运用有限元对带缝剪力墙构件进行了抗震性能分析，分析表明带缝剪力墙是一种抗震性能良好、承载力较高的复合结构。为了配合新体系的鉴定和推广，课题组联合山西省建筑总公司建造了办公试验楼(位于太原市和平北路山西省建八公司院内)。本章将对试验楼进行结构抗震动力分析。

8.1　工程概况及有限元模型的建立

8.1.1　工程概况

永久性保温墙模复合剪力墙结构体系试验楼长20.04 m，宽10.74 m，共3层，层高均为3.3 m，建筑物总高度为10.85 m，总建筑面积508.7 m^2。建筑结构为永久性保温墙模复合剪力墙结构，建筑结构的安全等级为Ⅱ级，使用年限为50年，抗震设防烈度为8度；防火设计的分类为Ⅱ类，耐火等级为Ⅱ级。

8.1.2　有限元模型

对有限元几何模型，选择板单元shell63，其上开缝(洞)。各种设计参数的选取依照实际工程而定，采用C30混凝土。由于是直接建立节点和单元，网格划分形式与单元形状一致，在建模过程中尽量做到网格均匀、过渡平缓、粗细适中。经过进一步简化之后，三层试验楼模型的单元有10 424个，节点数为10 970个，总自由度65 820个，模型底部采用完全固支约束。图8-1为带缝剪力墙整体模型。

为了同普通剪力墙体系作比较，带缝剪力墙的缝隙全部封闭，形成普通剪力墙体系模型(模型2)，与带缝剪力墙体系模型(模型1)做对比计算。

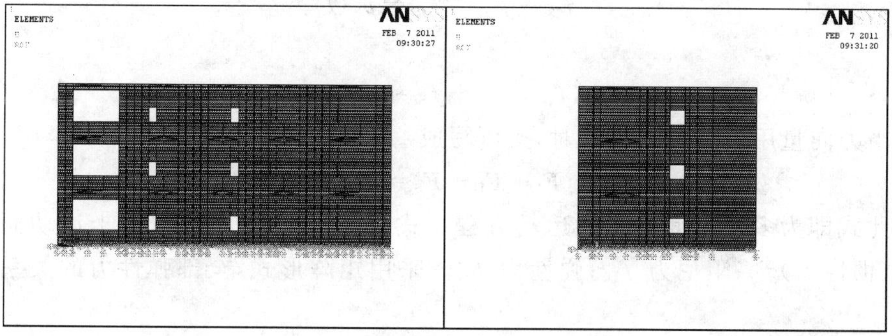

(a)模型侧面图

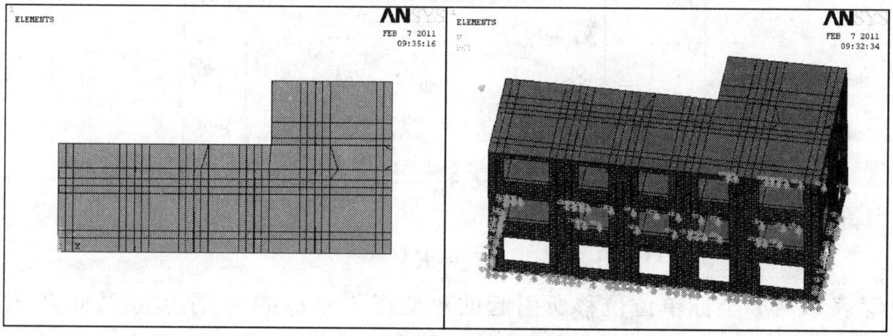

(b)模型的顶面和立面图

图 8-1　带缝剪力墙结构整体模型

8.2　模态分析

8.2.1　基本理论及求解方法

1. 结构动力学基本方程[115,116]

结构模态分析主要包括结构无阻尼自由振动的频率和相应振型分析。模态分析用于确定设计结构的振动特性，即结构的固有频率与振型。

虽然任一结构都可以在数学上简化为单自由度体系的近似形式，但结构实际具有不只一种可能的位移方式，这样单自由度体系计算结果可靠性很难估计。一般说来，单自由度模型不能够适当地描绘一个结构的动力反应，因而需要建立多自由度体系的运动方程。

针对体系的每个自由度列出实际作用力的平衡方程如下：

$$f_{I1}+f_{D1}+f_{S1}=p_1(t)$$
$$f_{I2}+f_{D2}+f_{S2}=p_2(t)$$

$$f_{I3}+f_{D3}+f_{S3}=p_3(t)$$

$$\vdots$$

$$f_{Ii}+f_{Di}+f_{Si}=p_i(t) \tag{8-1}$$

当力向量用矩阵形式表示时，又可写成

$$\boldsymbol{F}_I+\boldsymbol{F}_D+\boldsymbol{F}_S=\boldsymbol{P}(t) \tag{8-2}$$

此式即为多自由度系统的运动方程。式中，$p_i(t)$是外荷载；由于运动而产生的力（惯性力）f_{Ii}；阻尼力 f_{Di}；弹性力 f_{Si}。采用矩阵形式，全部弹性力的关系式可写为

$$\begin{Bmatrix} f_{S1} \\ f_{S2} \\ \vdots \\ f_{Si} \\ \vdots \end{Bmatrix}=\begin{bmatrix} k_{11} & k_{12} & \cdots & k_{1i} & \cdots & k_{1N} \\ k_{21} & k_{22} & \cdots & k_{2i} & \cdots & k_{2N} \\ \vdots & \vdots & \vdots & \vdots & \vdots & \vdots \\ k_{i1} & k_{i2} & \cdots & k_{ii} & \cdots & k_{iN} \\ \vdots & \vdots & \vdots & \vdots & \vdots & \vdots \end{bmatrix}\begin{Bmatrix} v_1 \\ v_2 \\ \vdots \\ v_i \\ \vdots \end{Bmatrix} \tag{8-3}$$

用符号表示为

$$\boldsymbol{F}_S=\boldsymbol{KV} \tag{8-4}$$

f_{Sj}表示由 j 坐标单位位移所引起的对应于 j 坐标的力；刚度系数矩阵 $\boldsymbol{K}$ 叫做结构的刚度矩阵，$\boldsymbol{V}$ 是表示结构变形形状的位移向量。

假定阻尼与速度有关，即粘滞阻尼；则与所选自由度对应的阻尼力就可以按同样的方式用阻尼影响系数表示。类似于公式(8-3)，给出全部阻尼力为：

$$\begin{Bmatrix} f_{D1} \\ f_{D2} \\ \vdots \\ f_{Di} \\ \vdots \end{Bmatrix}=\begin{bmatrix} c_{11} & c_{12} & \cdots & c_{1i} & \cdots & c_{1N} \\ c_{21} & c_{22} & \cdots & c_{2i} & \cdots & c_{2N} \\ \vdots & \vdots & \vdots & \vdots & \vdots & \vdots \\ c_{i1} & c_{i2} & \cdots & c_{ii} & \cdots & c_{iN} \\ \vdots & \vdots & \vdots & \vdots & \vdots & \vdots \end{bmatrix}\begin{Bmatrix} \dot{v}_1 \\ \dot{v}_2 \\ \vdots \\ \dot{v}_i \\ \vdots \end{Bmatrix} \tag{8-5}$$

c_{ij}表示由 j 坐标单位速度所引起的对应于 i 坐标的力；式中，$\dot{v}_i$ 表示 i 位移坐标的时间变化率（速度），系数 c_{ij} 为阻尼影响系数，用符号表示公式(8-5)可写成

$$\boldsymbol{F}_D=\boldsymbol{C}\dot{\boldsymbol{V}} \tag{8-6}$$

阻尼系数矩阵 $\boldsymbol{C}$ 又叫做结构的阻尼矩阵，$\dot{\boldsymbol{V}}$ 是速度向量。

惯性力表示自由度的加速度与其产生的惯性力之间的关系，类似于式(8-3)，惯性力表达为式(8-7)

$$\begin{Bmatrix} f_{I1} \\ f_{I2} \\ \vdots \\ f_{Ii} \\ \vdots \end{Bmatrix} = \begin{bmatrix} m_{11} & m_{12} & \cdots & m_{1i} & \cdots & m_{1N} \\ m_{21} & m_{22} & \cdots & m_{2i} & \cdots & m_{2N} \\ \vdots & \vdots & \vdots & \vdots & \vdots & \vdots \\ m_{i1} & m_{i2} & \cdots & m_{ii} & \cdots & m_{iN} \\ \vdots & \vdots & \vdots & \vdots & \vdots & \vdots \end{bmatrix} \begin{Bmatrix} \ddot{v}_1 \\ \ddot{v}_2 \\ \vdots \\ \ddot{v}_i \\ \vdots \end{Bmatrix} \tag{8-7}$$

式中，$\ddot{v}_i$ 是 i 位移坐标的加速度；系数 m_{ij} 是质量影响系数，定义如下：m_{ij} 一由 j 坐标的单位加速度所引起的对应于 i 坐标的力，用符号表示公式(8-7)可写成

$$\boldsymbol{F}_{\mathrm{I}}=\boldsymbol{M}\ddot{\boldsymbol{V}} \tag{8-8}$$

式中，质量系数矩阵 $\boldsymbol{M}$ 叫做结构的质量矩阵，$\ddot{\boldsymbol{V}}$ 是它的加速度向量。

因此，考虑全部自由度，多自由度体系结构完整的动力平衡方程可写成：

$$\boldsymbol{M}\ddot{\boldsymbol{V}}+\boldsymbol{C}\dot{\boldsymbol{V}}+\boldsymbol{K}\boldsymbol{V}=\boldsymbol{P}(t) \tag{8-9}$$

当没有外荷载且忽略阻尼时，上式变为

$$\boldsymbol{M}\ddot{\boldsymbol{V}}+\boldsymbol{K}\boldsymbol{V}=0 \tag{8-10}$$

这就是系统的自由振动方程。如系统节点共有 n 个自由度，则该式就是 n 个自由度系统的自由振动方程。设结构自由振动时的位移为 $\{v\}=\{A\}\cos\omega t$，代入式(8-10)后，得到齐次方程组如下：

$$(k-\omega^2 m)\{A\}=0 \tag{8-11}$$

由于在自由振动时，各节点的振幅 $\{A\}$ 不可能全部是零，因此，要使式(8-11)有非零解的条件是其系数矩阵行列式的值必须为零，即：

$$|k-\omega^2 m|=0 \tag{8-12}$$

2. ANSYS 中的求解方法

ANSYS 中的求解方法总共有七种，包括 Subspace(子空间法)、Block Lanczos(分块的兰索斯法)、Power Dynamics(能量法)、Reduced (缩减法)、Damped(阻尼法)、Unsymmetric(非对称法)及 QR 阻尼法。

综合考虑各种因素，本章采用 Block Lanczos 法。Block Lanczos 法采用 Lanczos 算法，计算速度快，特别适用于大型对称特征值求解问题。

8.2.2　模态分析

1. 参数分析

建立有限元模型后，首先对模型进行了模态分析与计算，由于该三维结构模型节点多，自由度数大，振型多，模态分析时利用分块 Lanczos 法反复计算，质量矩阵采用分布(一致)质量阵[117]，利用频域选项，分别对模型 1 和模型 2 的前 10 阶模态

进行了分析，表 8-1 和表 8-2 分别列出了模型 1 和模型 2 的前 10 阶模态的频率值。

表 8-1　模型 1 前 10 阶模态频率表

模态	1	2	3	4	5
频率/Hz	15.752 15	16.310 22	17.396 14	17.524 11	17.570 31
模态	6	7	8	9	10
频率/Hz	17.749 98	17.898 60	17.969 66	18.895 34	19.031 01

表 8-2　模型 2 前 10 阶模态频率表

模态	1	2	3	4	5
频率/Hz	15.814 88	16.329 65	17.407 32	17.549 94	17.586 86
模态	6	7	8	9	10
频率/Hz	17.766 50	17.908 83	17.977 39	18.905 05	19.054 13

从以上两表中可以看出，模型 1 前 10 阶模态的频率比模型 2 的稍小，即带缝剪力墙体系前 10 阶模态的周期比普通剪力墙体系的长，带缝剪力墙的耗能能力比普通剪力墙更强。前 10 阶模态中，模型 1 和模型 2 振型参与系数分别见表 8-3 和表 8-4。

分析模态参与系数，可确定两模型的主振型分别如表 8-5 和表 8-6 所示。由于结构仅为三层，z 方向的地震作用不明显，可不予考虑。

表 8-3　模型 1 前 10 阶模态振型参与系数表

模态	频率/Hz	γ_x	γ_y	γ_z	γ_{rotx}	γ_{roty}	γ_{rotz}
1	15.752 1	−432.45	147.29	−24.36	−1 204.50	−3 151.30	2 543.70
2	16.310 2	160.23	−85.83	−44.45	517.84	1 261.50	−1 233.90
3	17.396 1	19.58	109.83	23.66	−754.85	56.00	1 218.60
4	17.524 1	103.77	408.81	5.75	−3 057.70	558.79	4 953.70
5	17.570 3	58.04	103.20	2.06	−778.46	314.37	1 127.20
6	17.750 0	−116.69	−123.47	1.48	919.42	−902.06	−934.41
7	17.898 6	14.71	9.91	−103.54	−383.47	316.98	169.94
8	17.969 7	5.49	−78.78	58.32	739.61	−972.79	−686.31
9	18.895 3	−36.76	−32.50	26.62	330.87	−704.21	317.31
10	19.031 0	−140.91	−96.40	54.77	918.21	−1 923.70	1 608.30

表 8-4　模型 2 前 10 阶模态振型参与系数表

模态	频率/Hz	γ_x	γ_y	γ_z	γ_{rotx}	γ_{roty}	γ_{rotz}
1	15.814 9	−424.65	146.13	−26.35	−1 200.80	−3 094.50	2 540.50
2	16.329 6	180.10	−94.05	−43.23	584.04	1 408.50	−1 381.20
3	17.407 3	16.18	98.77	23.45	−672.12	36.38	1 089.20
4	17.549 9	98.33	394.83	6.08	−2 950.20	531.88	4 790.50
5	17.586 9	68.77	142.21	2.78	−1 069.60	373.68	1 598.50
6	17.766 5	−123.20	−135.15	0.97	1 005.40	−948.14	−1 061.30
7	17.908 8	17.02	12.09	−104.06	−401.11	343.09	179.13
8	17.977 4	8.51	−78.16	57.34	731.90	−947.41	−699.15
9	18.905 0	−31.07	−29.58	25.76	304.89	−650.80	252.55
10	19.054 1	−128.94	−93.08	61.63	907.60	−1 962.40	1 449.80

表 8-5　模型 1 主要振型

	阶数	频率值/Hz	周期/s	参与系数	参与比例
x 方向主要振型	1	15.752 1	0.063 48	−432.45	1.00
	2	16.310 2	0.061 31	160.23	0.37
y 方向主要振型	4	17.524 1	0.057 06	408.81	1.00
	6	17.750 0	0.056 34	−123.47	0.30

表 8-6　模型 2 主要振型

	阶数	频率值/Hz	周期/s	参与系数	参与比例
x 方向主要振型	1	15.814 9	0.063 23	−424.65	1.00
	2	16.329 7	0.061 24	180.10	0.42
y 方向主要振型	4	17.549 9	0.0569 8	394.83	1.00
	6	17.766 5	0.056 29	−135.15	0.34

2. 振型分析

无论是模型 1 还是模型 2，x 方向主振型都是第 1 阶振型，y 方向主振型都是第 4 阶振型，两个模型主振型的变形图分别如图 8-2～图 8-5 所示。

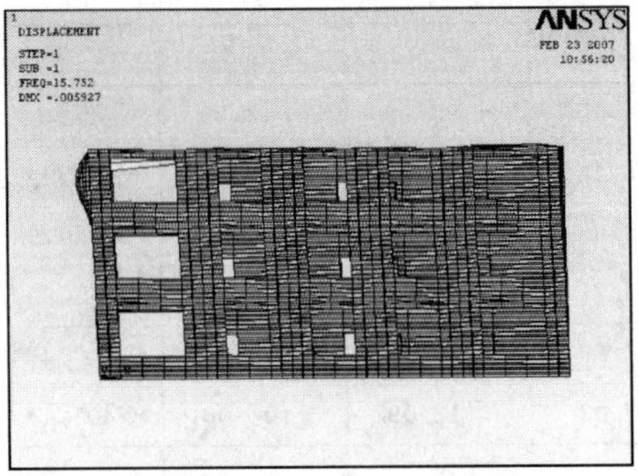

图 8-2　模型 1 x 方向主振型

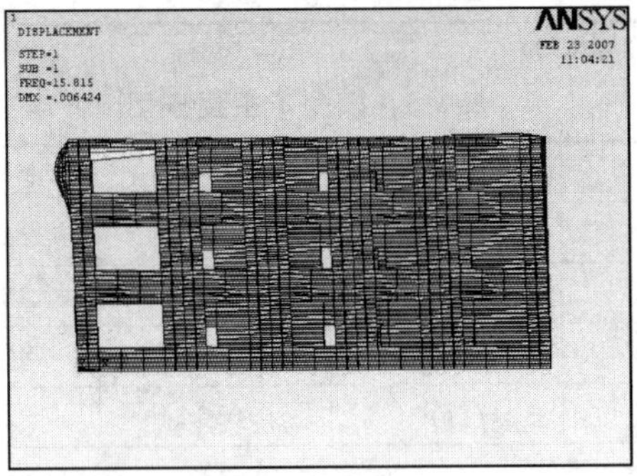

图 8-3　模型 2 x 方向主振型

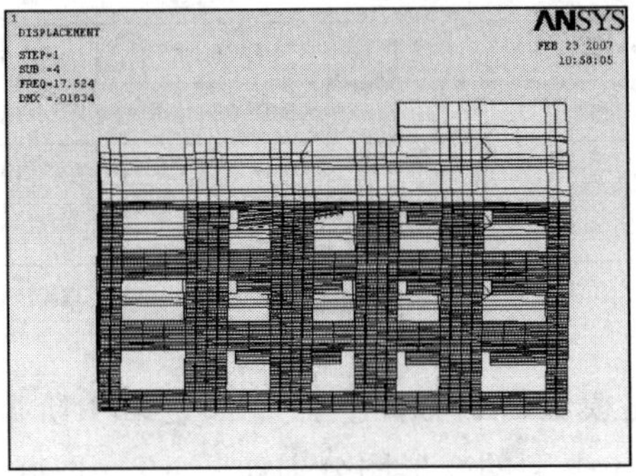

图 8-4　模型 1 y 方向主振型

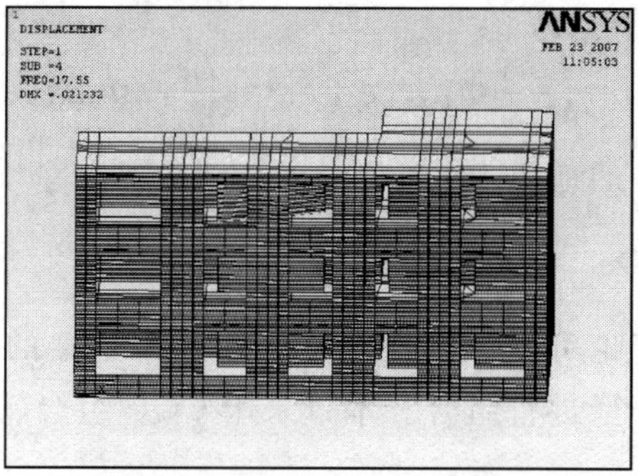

图 8-5　模型 2 y 方向主振型

8.3 谱分析

8.3.1 基本理论

1. 多自由度系统谱分析[118]

多自由度体系的动力平衡方程为

$$\boldsymbol{M}\ddot{\boldsymbol{X}}+\boldsymbol{C}\dot{\boldsymbol{X}}+\boldsymbol{K}\boldsymbol{X}=-\boldsymbol{M}\boldsymbol{B}\alpha(t) \tag{8-13}$$

式中，$\boldsymbol{M}$，$\boldsymbol{C}$，$\boldsymbol{K}$ 分别是质量阵、比例阻尼阵和刚度阵；$\boldsymbol{X}$，$\dot{\boldsymbol{X}}$，$\ddot{\boldsymbol{X}}$ 分别是位移向量、速度向量和加速度向量；$\boldsymbol{B}=\boldsymbol{B}(e)=\boldsymbol{B}(l,m,n)$是一个表征加速度方向 $\boldsymbol{e}=(l,m,n)^{\mathrm{T}}$ 的向量；$\alpha(t)$是加速度曲线。

引入变换 $\boldsymbol{X}=\boldsymbol{\Phi}\boldsymbol{Y}$，则平衡方程解耦成为

$$\boldsymbol{M}_j\ddot{\boldsymbol{Y}}_j+\boldsymbol{C}_j\dot{\boldsymbol{Y}}_j+\boldsymbol{K}_j\boldsymbol{Y}_j=\boldsymbol{P}_j(t)\quad(j=1,2,3,\cdots,n) \tag{8-14}$$

式中，

$$\boldsymbol{M}_j=\boldsymbol{\Phi}_j^{\mathrm{T}}\boldsymbol{M}\boldsymbol{\Phi}_j,\boldsymbol{C}_j=\boldsymbol{\Phi}_j^{\mathrm{T}}\boldsymbol{C}\boldsymbol{\Phi}_j,\boldsymbol{K}_j=\boldsymbol{\Phi}_j^{\mathrm{T}}\boldsymbol{K}\boldsymbol{\Phi}_j,\boldsymbol{P}_j(t)=\boldsymbol{\Phi}_j^{\mathrm{T}}\boldsymbol{M}\boldsymbol{B}\alpha(t)=\boldsymbol{L}_j\alpha(t) \tag{8-15}$$

那么各振型上的响应为

$$\boldsymbol{Y}_j(t)=\frac{\boldsymbol{L}_j}{\boldsymbol{M}_j}\frac{1}{\omega_j}\int\alpha(\tau)\mathrm{e}^{-\omega_j\xi(t-\tau)}\sin\omega_j(t-\tau)\mathrm{d}\tau=\frac{\boldsymbol{L}_j}{\boldsymbol{M}_j}\frac{1}{\omega_j}\boldsymbol{V}_j(t)\quad(j=1,2,3,\cdots,n) \tag{8-16}$$

由此得到位移响应在各振型上的分量

$$\boldsymbol{X}_j(t)=\boldsymbol{\Phi}_j\boldsymbol{Y}_j(t)=\frac{\boldsymbol{L}_j}{\boldsymbol{M}_j}\frac{1}{\omega_j}\boldsymbol{V}_j(t)\quad(j=1,\cdots,n) \tag{8-17}$$

若以给定速度曲线 $S_v(\xi,T)$或加速度曲线 $S_a(\xi,T)=\omega S_v(\xi,T)$则可求得各振

型上的位移响应为

$$\boldsymbol{X}_j^*(t)=\frac{\boldsymbol{L}_j}{\boldsymbol{M}_j}\frac{1}{\omega_j}\boldsymbol{\Phi}_j S_v(\xi_j,T_j)=\frac{\boldsymbol{L}_j}{\boldsymbol{M}_j}\frac{1}{\omega_j^2}\boldsymbol{\Phi}_j S_a(\xi_j,T_j) \tag{8-18}$$

继而求出各振型上的地震力

$$\boldsymbol{f}_j^*=\boldsymbol{K}\boldsymbol{X}_j^*=\frac{\boldsymbol{L}_j}{\boldsymbol{M}_j}S_a(\xi_j,T_j)\boldsymbol{M}\boldsymbol{\Phi}_j \quad (j=1,2,3,\cdots,n) \tag{8-19}$$

按照地震反应谱理论可以得到地震反应在各振型上的最大分量，要想得到总地震反应则需要对各分量进行组合。本章采用CQC组合（完全二次组合），以考虑振型间的耦联效应。

对某个地震反应参数 u，若记其由第 I 振型引起的分量为 u_i，那么有：

$$u=\sqrt{\sum_{i=1}^{n}\sum_{j=1}^{n}\rho_{ij}u_iu_j} \tag{8-20}$$

式中，n 是参与振型个数；ρ_{ij} 是振型耦联系数，且

$$\rho_{ij}=\frac{8\sqrt{\xi_i\xi_j}(\xi_i+r\xi_j)r^{\frac{3}{2}}}{(1-r^2)^2+4\xi_i\xi_j r(1+r^2)+4(\xi_i^2+\xi_j^2)r^2}=\rho_{ji} \tag{8-21}$$

$$r=\frac{T_j}{T_i}$$

利用 ρ_{ij} 的对称性，也可化简为

$$u=\sqrt{\sum_{i=1}^{n}(\rho_{ii}u_i^2+2u_i\sum_{j=1}^{i=1}\rho_{ij}u_j} \tag{8-22}$$

而地震影响系数曲线可写成函数形式为

$$\alpha=\begin{cases}(0.45+5.5T)\alpha_{\max} & T<0.1\\ \alpha_{\max} & 0.1\leqslant T\leqslant T_g\\ (T_g/T)^{0.9}\alpha_{\max} & T>T_g\end{cases} \tag{8-23}$$

地震影响系数与加速度的关系是：

$$S_a(\xi,T)/g=\alpha(\xi,T) \tag{8-24}$$

2. 基本参数的确定

谱分析时，首先确定用于振型分解及合并计算的模态阶数。在模态分析时，经过多次对比计算，确定计算前10阶模态可以反映结构的变形情况。在谱分析时，仍然取前10阶模态并且扩展10阶模态进行合并计算。

根据抗震设计资料和规范，永久性保温墙模复合剪力墙结构体系三层试验楼抗震设防烈度为8度，Ⅱ类场地土，特征周期0.35 s，地震影响系数最大值 $\alpha_{\max}=0.16$，结构阻尼采用恒定阻尼比 $\xi=0.05$。根据以上基本参数，计算中采用加速度单点响应谱，将以上参数代入式(8-23)可计算出用于谱分析的地震影响系数函数。

最后利用振型分解反应谱法进行抗震分析，分别计算在 x、y 二个方向的地震反应及其相应组合。组合中，考虑了结构各方向主要模态的贡献。

8.3.2　地震反应谱分析

利用 ANSYS 软件做谱分析，首先选择分析类型为 spectrum（谱分析）；然后利用 SVTYPE（响应谱类型）、SED（激励方向）、FREQ（频率）和 SV（谱值）选项，输入加速度谱，经过模态计算、谱计算、模态扩展、合并，得到结构的内力、位移和应力等。沿 x、y 方向输入震加速度反应谱时，模型 1 和模型 2 结构整体变形如图 8-6 所示。

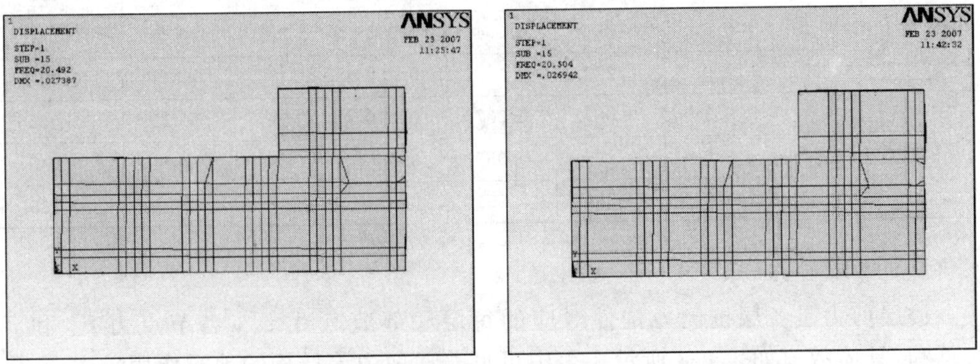

(a) x方向输入地震反应谱时模型1、模型2结构的整体变形

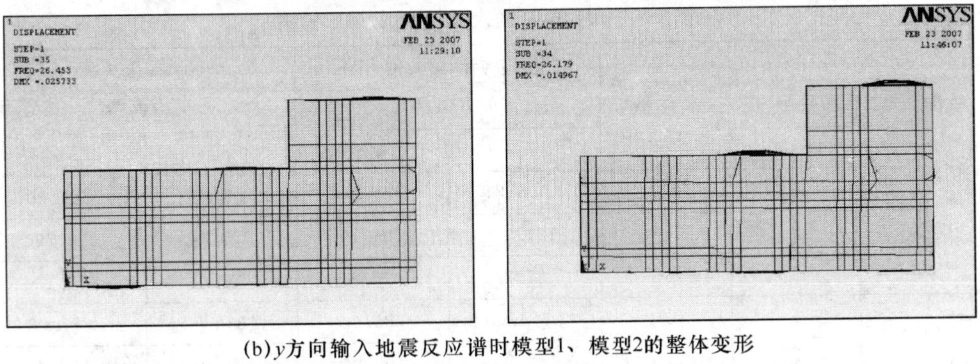

(b) y方向输入地震反应谱时模型1、模型2的整体变形

图 8-6　x、y 方向输入地震反应谱时模型的整体变形

从图中可以看出，在 x、y 方向输入地震反应谱时，模型 1 的整体变形比模型 2 的略小，说明带缝剪力墙结构消耗地震能量更多，即在地震作用下吸能效果更为显著，从而验证了带缝剪力墙在地震作用下比普通剪力墙具有更好的抗震性能。

(1) 楼层位移

楼层位移的计算是选取每一层抗侧力构件的顶部节点,对计算求得每层所有节点的位移值取平均值所得。表 8-7 为在 x、y 方向地震加速度反应谱的作用下,两个模型的层位移。根据混凝土高规中的规定:钢筋混凝土剪力墙按线弹性方法计算的楼层层间最大位移与层高之比应为 $\Delta u/h \leqslant 1/1000$。从表 8-7 的计算位移可知带缝剪力墙结构的弹性位移远小于规范要求,其整体结构有较好的刚度。

表 8-7　x、y 方向输入地震反应谱层位移

结构形式	层号	层高/m	x 方向输入谱位移值/mm			y 方向输入谱位移值/mm		
			x 方向	y 方向	z 方向	x 方向	y 方向	z 方向
模型 1	1	3.3	0.088	0.037	0.016	0.065	0.004	0.023
	2	6.6	0.227	0.054	0.046	0.225	0.078	0.037
	3	9.9	0.279	0.193	0.050	0.352	0.541	0.101
模型 2	1	3.3	0.089	0.037	0.016	0.091	0.011	0.029
	2	6.6	0.228	0.057	0.046	0.274	0.081	0.043
	3	9.9	0.280	0.201	0.051	0.373	0.629	0.135

(2) 楼层剪力

楼层剪力是各层抗侧力构件对应的每层底部节点沿 x、y 各节点力 F_x 和 F_y 的总和,具体数值如表 8-8 所示。表中可见普通剪力墙结构的地震作用较大。

表 8-8　x、y 方向输入地震反应谱层剪力

结构形式	层号	层高/m	x 方向输入谱剪力值/kN		y 方向输入谱剪力值/kN	
			F_x	F_y	F_x	F_y
模型 1	1	0.0	1 308.21	774.26	1 301.00	1 327.80
	2	3.3	181.01	106.19	273.84	379.79
	3	6.6	67.21	36.95	70.73	137.13
模型 2	1	0.0	1 321.65	785.46	1 316.92	1 377.78
	2	3.3	182.29	109.06	284.05	423.44
	3	6.6	67.94	38.07	111.36	163.73

(3) 楼层刚度

楼层刚度为本层所受剪力与层间位移的比值(即 $k_{i1}=V_i/\delta_i$)。从表 8-7 和表 8-8 的计算可知,普通混凝土剪力墙结构比带缝剪力墙结构的刚度大,所以通过把剪力墙开缝能达到降低结构的刚度的要求。

(4) 应力

由于试验楼的楼板没有大开洞的情况,所以试验楼的楼板应力相对较小,没有因为开洞而产生的局部应力集中现象。墙面板单元,因为局部大开洞情况,在一些洞口的角部产生局部应力集中,在 x 方向输入地震反应谱时,模型 1 和模型 2 的应力分布如图 8-7 所示。从图中可以看出,模型 1 和模型 2 的应力分布情况基本一致,应力最大的部位在 9810(19.32,10.5,9.9)节点。模型 1 最大应力为 0.557×10^{8} Pa,模型 2 最大应力为 0.55×10^{8} Pa。剪力墙上应力较大值多发生在开缝部位(软弱层)、墙边缘、洞口等薄弱部位,分布较分散,与设计破坏模式一致。

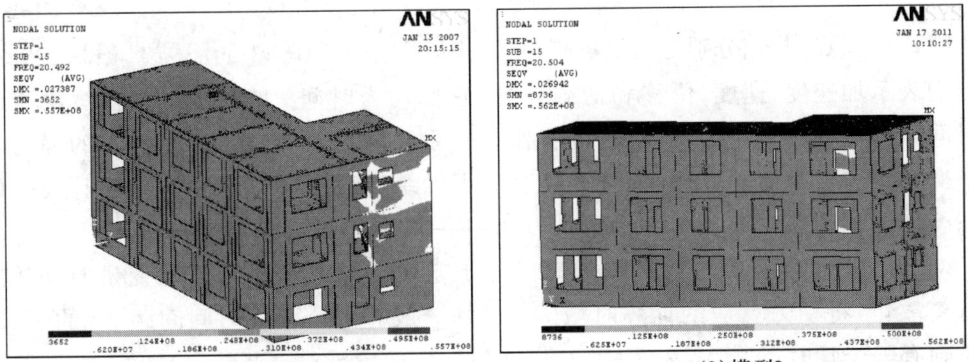

(1)模型1　　(2)模型2

图 8-7　x 方向输入地震反应谱时结构的等效应力

在 y 方向输入地震反应谱时,模型 1 和模型 2 的应力分布如图 8-8 所示。由图可知,模型 1 和模型 2 的应力分布情况略有差别,模型 1 最大应力为 0.342×10^{3} Pa;模型 2 最大应力为 0.445×10^{8} Pa。但是两模型应力较大值多发生在开缝周围、墙顶端、洞口等薄弱部位的现象未变。

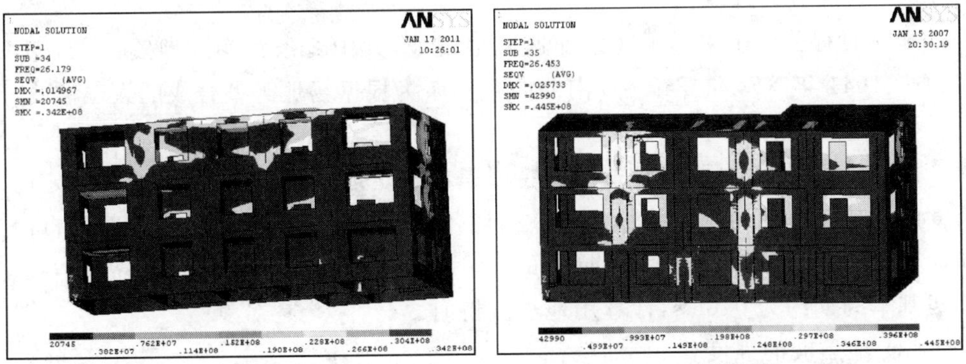

(1)模型1　　(2)模型2

图 8-8　y 方向输入地震反应谱时结构体系的等效应力

8.4 时程分析

8.4.1 基本理论

实际结构的有限元模型经过离散化处理后，形成质量矩阵和刚度矩阵，使连续系统的偏微分数学模型转化为常微分数学模型：

$$[M]\{\ddot{x}\}[C]\{\dot{x}\}+[K]\{x\}=\{P(t)\} \tag{8-25}$$

式中，$[M]$、$[C]$、$[K]$分别为质量矩阵、阻尼矩阵和刚度矩阵；$\{\ddot{x}\}$、$\{\dot{x}\}$、$\{x\}$、$\{P(t)\}$分别表示加速度、速度、位移和荷载向量，它们均为时间 t 的函数。在任意给定的时间 t，式(8-25)是个联立方程，可看作是一系列考虑了惯性力和阻尼力的静力学平衡方程。求解此类方程，工程上普遍应用的结构动力学方法有：直接积分法、模态叠加法和状态空间法等。本章中 ANSYS 程序使用的是直接积分法中常用的 Newmark 时间积分方法在离散的时间点上求解。该方法是对连续变量时间 t 进行离散化，将动力反应的计算时域$[0,T]$划分成有限个相等时间间距 Δt 的子域，得到有限个瞬时点 $0,\Delta t,2\Delta t,\cdots,t_i+\Delta t,\cdots,T$，然后针对这些特定瞬时点求解动力方程(8-25)。将 Δt 时刻的加速度和速度用相邻时刻的位移线性组合而成，则式(8-25)变成由位移组成的在该时刻的线性代数方程组，可逐个在一系列离散时刻上求得反应值[119,120]。

8.4.2 地震波的基本参数

(1) 地震波的选取

本章时程分析中采用了 3 条加速度地震波，其中 2 条为实际地震记录，即 EL Centro(1941 年 NS)和 Taft 波(南北向)；一条为根据场地类型合成的人工波。

(2) 地震波的持时

由于计算时间的限制，地震波的持时是在选定地震波的基础上，截取一定时间长度的加速度时间历程。一般地震波持时不小于 10 s，但是考虑到模型的自由度和计算工作量，也可取结构基本周期的 5～10 倍进行计算。根据模态分析结果，试验楼基本周期约为 0.06 s，计算用地震波持时 3 s。

(3) 地震波的强度

现有的实际强震记录，其峰值加速度多半与建筑所在场地的基本烈度不相对应，因而不能直接采用，需要按照建筑物的设防烈度对波的强度进行全面调整。调整地震波强度的方法是：以加速度为标准，采用相应于建筑抗震设防烈度的基准峰值加速度与强震记录峰值加速度的比值，对整个加速度时程曲线的幅值进行全面调整，作为设计用加速度波。抗震设防烈度设计为 8 度，设计基本加速度为0.20 g，根据抗震设计规范，弹性时程分析时，多遇地震作用下加速度峰值为 1.96 m/s^2。输入地震波时，时间步长取 0.02 s。

8.4.3　阻尼取值

阻尼是描述结构振动过程中某种能量耗散方式的术语。动力时程分析中的阻尼是指结构在地震时，结构与支撑之间的摩擦、材料之间的内摩擦、周围介质的阻力等引起的振动振幅的衰减作用。工程中一般采用粘滞阻尼，即阻尼力与反应速度成正比的假定。因此，运动方程为可以写成式(8-26)。正规坐标下，阻尼阵是非对角阵，运动方程在阻尼项耦联。一般处理阻尼阵有两种方法：模态阻尼和瑞利阻尼，本章采用瑞利阻尼。

$$C=\alpha M+\beta M \tag{8-26}$$

为确定上式中阻尼系数 α、β，可以采用以下方法：根据结构模态分析的结果，从振型中找出该结构在计算方向上的两个主振型，假设其周期(或圆频率)为 T_i、T_j，结构阻尼比为 ξ，然后由下式求得阻尼系数。

$$\alpha=\frac{4\pi\xi}{T_i+T_j}=\frac{2\omega_i\omega_j\xi}{\omega_i+\omega_j} \tag{8-27}$$

$$\beta=\frac{T_iT_j\xi}{\pi(T_i+T_j)}=\frac{2\xi}{\omega_i+\omega_j} \tag{8-28}$$

因此，在各方向结构的两个主振型是确定阻尼系数的关键，主振型的选取原则在 8.2 节中有阐述，其主要依据为各阶模态的参与系数、模态系数及振型特点。对于该结构，x 方向主振型是第 1、2 阶振型，y 方向主振型是第 4、6 阶振型。然后，根据以上方法，计算三层试验楼结构的阻尼系数。

x 方向　　$\alpha=0.800\,0$　　$\beta=0.003\,0$

y 方向　　$\alpha=0.830\,0$　　$\beta=0.003\,0$

普通剪力墙模型阻尼系数与复合剪力墙阻尼系数相同。

8.4.4　时程分析结果

1. 模型 1 在三种地震波下的结果

根据有限元分析结果，从节点位移列表中提取最大位移及底部最大剪力如表 8-9 所示。

提取最大位移反应的节点，其 x、y 方向位移时程曲线如图 8-9 所示。

表 8-9　三种波作用下节点的最大位移及底部最大剪力

地震波形式	最大位移/mm				底部最大剪力/kN	
	t/s	节点号	$U_{x\max}$	$U_{y\max}$	$F_{x\max}$	$F_{y\max}$
EL Centro 波	2.46	7 031	0.327		1 565	1 006
	2.48	5 369		0.119		
Taft 波	2.96	7 031	0.08		1 581	629
	2.96	17 657		0.03		
人工波	2.98	7 031	0.312		1 714	815
	3.0	5 369		0.124		

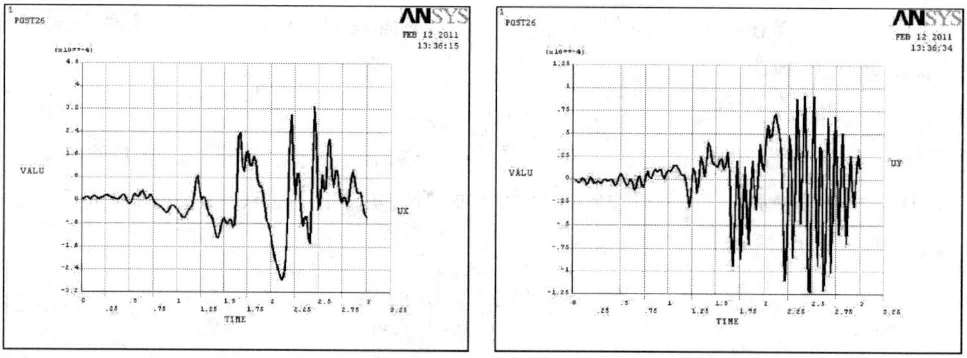

(a) 节点位移的EL Centro波地震反应时程曲线（7 031节点x向，5 369节点y向）

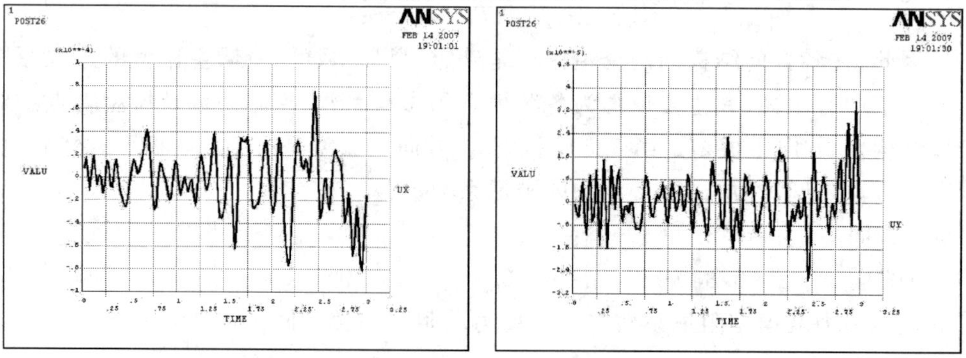

(b) 节点位移的Taft波地震反应时程曲线（7 031节点x向，17 657节点y向）

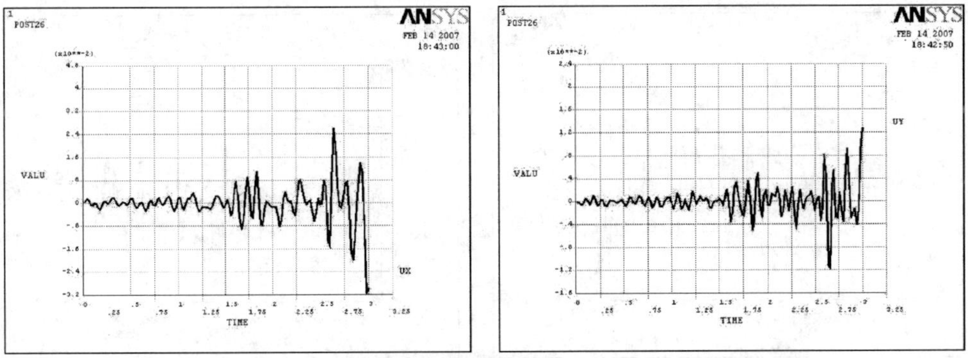

(c)节点位移的人工波地震反应时程曲线(7 031节点x向，5 369节点y向)

图 8-9　模型 1 节点位移的地震反应时程曲线

2. 模型 2 在三种地震波下的结果

同样，根据有限元分析结果，从节点位移列表中提取最大位移及底部最大剪力如表 8-10 所示。

提取最大位移反应的节点，其 x、y 方向位移时程曲线如图 8-10 所示。

表 8-10　三种波作用下节点的最大位移及底部最大剪力

地震波形式	最大位移/mm				底部最大剪力/kN	
	t/s	节点号	$U_{x\max}$	$U_{y\max}$	$F_{x\max}$	$F_{y\max}$
EL Centro 波	2.46	7 031	0.329		1 535	1 043
	2.46	5 369		0.123		
Taft 波	2.96	7 031	0.08		1 600	642
	2.96	5 369		0.04		
人工波	2.98	7 031	0.314		1 899	898
	3.0	5 369		0.127		

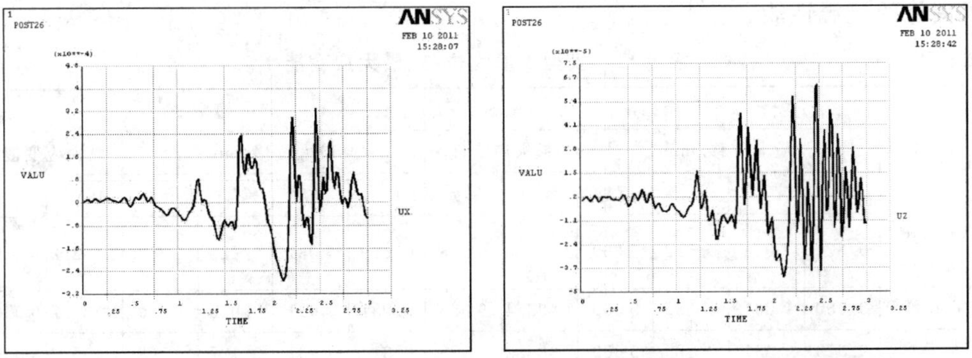

(a)节点位移的EL Centro波地震反应时程曲线(7 031节点x向，5 369节点y向)

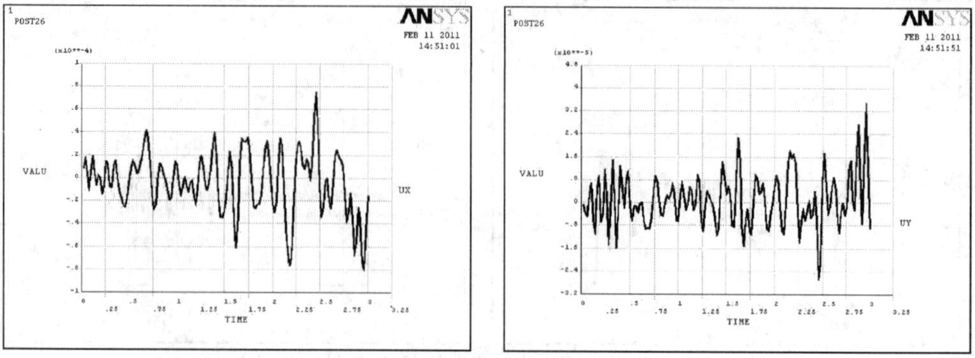

(b) 节点位移的Taft波地震反应时程曲线(7 031节点x向，5 369节点y向)

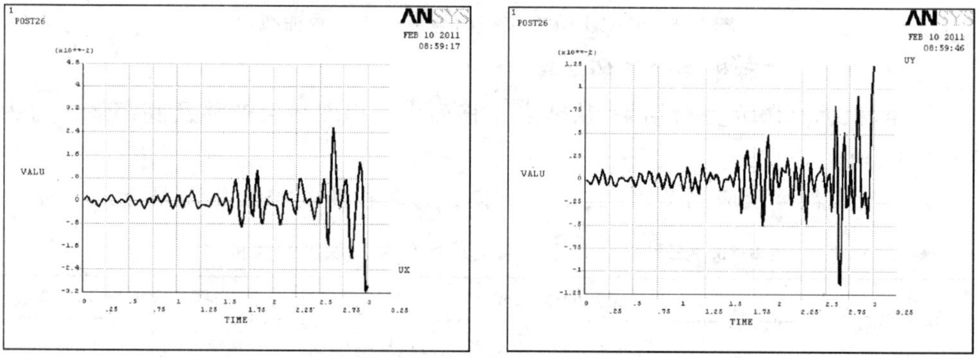

(c) 节点位移的人工波地震反应时程曲线(7 031节点x向，5 369节点y向)

图 8-10　模型 2 的节点位移地震反应时程曲线

3. 结构整体模型分析结果

(1) 最大位移、最大应变能及整体变形情况

在三条地震波作用下，模型 1 和模型 2 在 x、y 二个方向的最大位移及发生节点分别列入表 8-11。从表中可以看出地震波的不同导致结果差异较大，但本试验楼不论在哪种波作用下，位移都较小，能满足抗震规范关于层位移的要求，表现出了良好的抗震性能。

表 8-11　模型 1 最大位移、最大应变能

波名	模型 1						模型 2					
	最大位移/mm				最大应变能		最大位移/mm				最大应变能	
	U_x	节点	U_y	节点	W/J	单元	U_x	节点	U_y	节点	W/J	单元
EL Centro 波	0.327	7 031	0.119	5 369	2 516.3	6 056	0.329	7 031	0.123	5 369	2 558.2	6 056
Taft 波	0.080	7 031	0.035	5 369	1 453.4	6 056	0.081	7 031	0.036	5 369	1 486.7	6 056
人工波	0.313	7 031	0.125	5 369	2 436.2	6 056	0.314	7 031	0.127	5 369	2 465.3	6 056

(2) 底部剪力

地震波加速度时程反应模型 1 和模型 2 底部剪力最大值分别列入表 8-12 和表 8-13,另外表中给出了三波剪力平均值和振型分解反应谱分析中的剪力值结果,用于与时程分析计算结果进行比较。

表 8-12　模型 1 时程分析法与反应谱法计算结果比较

支座反力/kN	时程分析计算结果				反应谱法计算结果	
	EL-Centro 波	Taft 波	人工波	三波平均值	65%	80%
F_x	1 565	1 581	1 714	1 620	850	1 047
F_y	1 006	629	875	837	503	619

表 8-13　模型 2 时程分析法与反应谱法计算结果比较

支座反力/kN	时程分析计算结果				反应谱法计算结果	
	EL Centro 波	Taft 波	人工波	三波平均值	65%	80%
F_x	1 635	1 600	1 899	1 711	859	1 057
F_y	1 043	642	898	861	511	628

由比较可见,对两种模型进行弹性时程分析中,每条时程曲线计算所得的结构底部剪力均大于振型分解反应谱法计算结果的 65%。而且,三条时程曲线计算所得的结构底部剪力平均值也大于振型分解反应谱法计算结果的 80%,满足抗震规范要求。同时,规范规定,当采用时程分析法进行多遇地震下的补充计算时,可取多条时程曲线计算结果的平均值与振型分解反应谱法计算结果的较大值。对于本次三层试验楼结构,经过比较后,底部剪力取值为

$$F_x = 1\,714\ \text{kN}$$

$$F_y = 1\,006\ \text{kN}$$

(3) 层剪力和层位移包络图

在 EL Centro 波、人工波、Taft 波三条地震加速度波作用下,通过 ANSYS 后处理,得出模型 1 和模型 2 结构的层剪力和层位移包络曲线。图 8-11 和图 8-12 分别为模型 1 和模型 2 层剪力包络图(图中实线表示 F_x,虚线表示 F_y)。图 8-13 和图 8-14 分别是模型 1 和模型 2 在 x、y 方向的层侧移包络图。

从上图的比较中可知无论是模型 1 还是模型 2,试验楼的变形基本以剪切变形为主;从剪切变形的包络图可以看出,模型 2 所受地震力大于模型 1,这是因为模型 2 的结构总体自重大于模型 1。从抗震的角度来说,体系质量与刚度越大结构所受地震作用越大,现研究的带缝剪力墙就是基于这一原理,考虑适当降低结构的自重与刚度,从而减小体系所受的地震作用。

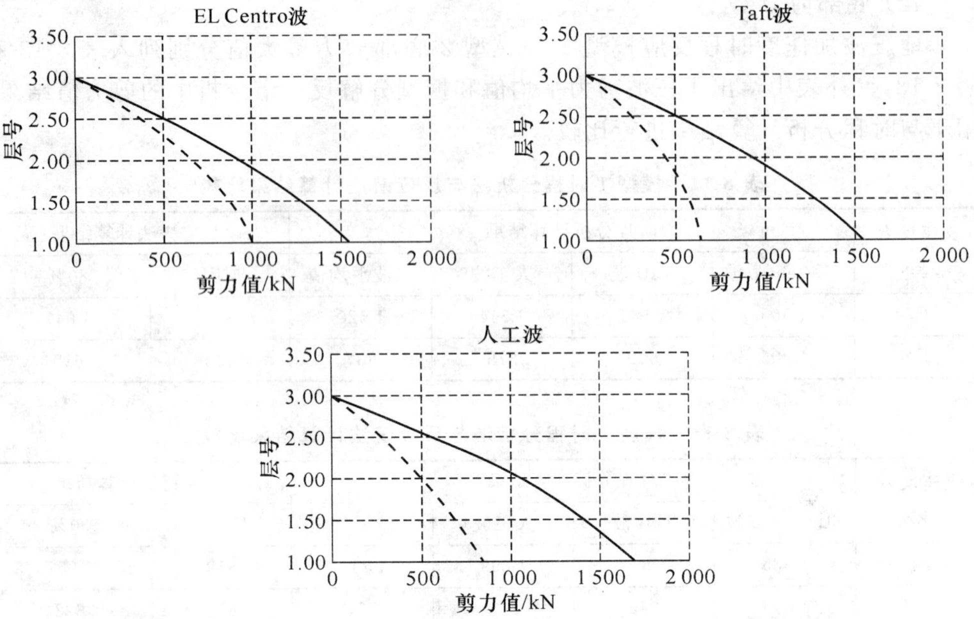

图 8-11　模型 1 层剪力包络图

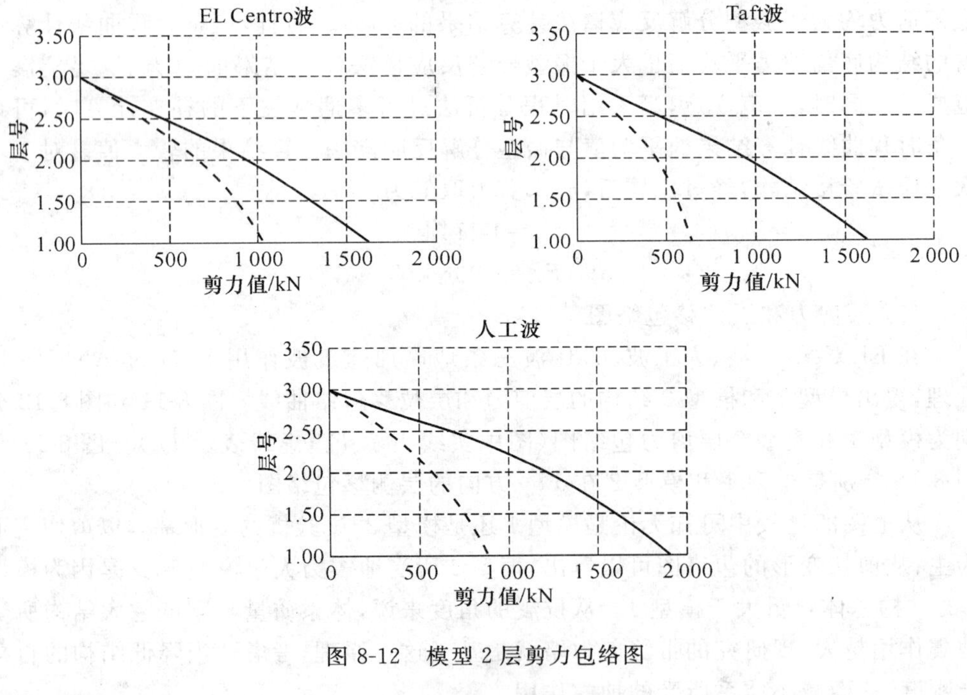

图 8-12　模型 2 层剪力包络图

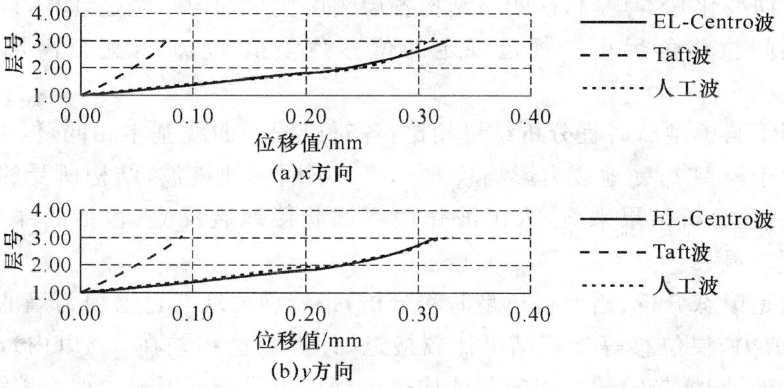

图 8-13　模型 1 层位移包络图

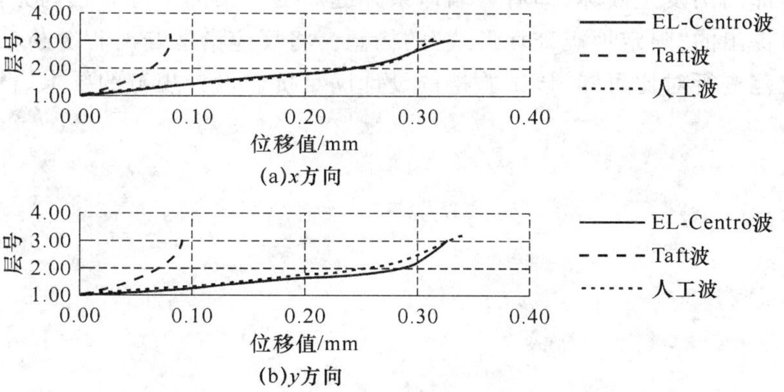

图 8-14　模型 2 层位移包络图

8.5　本章小结

在本章中通过试验楼的有限元模拟，对本体系带缝剪力墙结构的整体性能及结构相关抗震性能进行了全面分析。

通过对试验楼模型和与之对比的普通剪力墙体系进行了模态分析，确定了模型结构的基本自振周期，为后续的谱分析和时程分析提供了设计参数。根据试验楼各阶模态的参与系数、模态系数及振型特点确定了该结构在各方向的主要模态。并从对比频率可以看出对于带缝剪力墙结构的振动频率有所降低，震害将减少。

通过谱分析得到了试验楼模型的层剪力、层位移以及等效应力。通过对比分析可以看出普通混凝土结构的地震作用较大，并且楼层刚度也较大。

通过时程分析可知：试验楼层位移变化为剪切型，试验楼层剪力、层侧移沿建筑高度方向变化基本均匀,说明该结构各层刚度变化均匀。经过计算,试验楼的最大弹性层间位移角远小于规范规定的位移角限值 1/1000,完全满足抗震规范要求。

模型 1 与模型 2 时程分析结果相比,各对应图形曲线基本相同,但由于模型 2 总质量大于模型 1,受地震力影响较大。对于不同的地震波,结构所受的地震作用不同,从时程分析结果来看,人工波作用下试验楼地震反应(包括底部剪力、层剪力、层侧移)最大。

无论是模态分析、谱分析还是时程分析,带缝剪力墙与普通剪力墙的变形基本相同,层剪力、层位移等计算结果比较接近(计算数值相差在 5%以内),说明进行结构整体设计时,带缝剪力墙的其他构造设计可参照普通混凝土剪力墙结构。

通过地震反应谱法和时程分析法进行对比计算,验证了试验楼破坏形式是在墙模的肋部周围发生破坏,即剪力墙体系开缝周围连梁部位分布较为分散,符合墙模设计时提出的“限定地震破坏形式”的构想。将反应谱法与时程分析法有关结果同有关规范进行对比可知,该试验楼的设计满足抗震设计规范的要求。

第9章 复合剪力墙结构综合评价的基本原理及模型

住宅和人们的生活息息相关,目前围绕如何提高人们的住宅水平要解决两个问题:一是居者有其屋,人人享受适当的住房;二是屋者其及优,就是要有好的质量。住宅环境建设的好坏,关系到消费者的安全、健康、生活质量,是事关老百姓安居乐业的大事。对住宅进行综合评价,对于完善我国住宅性能认定制度、引导和提升住宅品质、保护消费者的权益以及推动节能省地型住宅建设都有很重要的意义。

复合剪力墙体系是适应建筑节能的要求而研究开发的全新体系,具有重量轻、抗震性能好、环保效果好等优点,符合我国国民经济可持续发展的要求。但是其与其他建筑结构体系相比较其经济效益如何?其性价比与其他体系相比差别有多大?这些问题是居民及房地产商最关心的问题,是体系研究和推广过程中的重要方面。本章将从系统论的观点出发,运用价值工程基本方法,对复合剪力墙结构体系和其他结构体系进行综合评价分析。通过确定不同结构的性能成本比,即价值,来反映体系经济性的优劣。需要指出的是:节能建筑的意义不仅是节约能源,还包括对经济、环境、社会等方面的广泛影响,因此本章的综合评价考虑了节能建筑的多个方面,力求性价比的评定能综合反映节能建筑对经济、环境、社会等方面的影响,以期推动我国节能建筑的研究,并为节能住宅的投资决策提供理论依据。

9.1 复合剪力墙结构综合评价的理论依据

复合剪力墙体系作为一种节能体系,其开发及评定是一个复杂的系统工程,需要综合运用建筑学、工程学、能源学、环境学、生态学、经济学、社会学、统计学、预测与决策技术、系统工程、价值工程等领域内的基本理论和方法。

9.1.1 系统工程理论

系统工程是把自然科学和社会科学的某些思想、理论、方法、策略和手段等根据总体协调的需要,有机地联系起来,把人们的生产、科研、经济和社会活动有效地组织起来,应用定量和定性分析相结合的方法和计算机等技术工具,对系统的构成要素、组织结构、信息交换和反馈控制等功能进行分析、设计、制造和服务，从而达到最优设计、最优控制和最优管理的目的，以便最充分地发挥人力、物力和信息的潜力，通过各种组织管理技术，使局部和整体之间的关系协调配合，以实现系统的综合最优化。

复合剪力墙结构综合评价体系的层次结构是各因子之间的相互隶属关系。根据对系统的分析，将所含的因素分系统、分层次地构成一个完善、有机的层次结构，各种因子的次序、位置关系等可一目了然。对新型节能住宅进行性能评定应考虑的因素相当多，为了建立简明科学的指标体系，应该主次分明，选取对住宅性能起决定作用的因素来建立指标体系。

9.1.2 全寿命周期成本理论

一栋建筑物的支出不仅仅是建设初期的成本，统计数据研究表明，建筑物的经常性支出远远高于建筑物的一次性造价。因此，对于工程项目的费用分析，不仅需要研究建设阶段的一次性造价，而且需要考虑项目竣工验收后，使用阶段的运行、养护以及维修等长期支出，即全寿命成本(Life Cycle Cost，LCC)，也称“寿命周期成本”。基于全寿命成本的分析方法，称为全寿命经济分析(Life Cycle Cost Analyze, LCCA)[121]，是考虑时间因素的动态分析方法，通过分析项目从策划到其寿命期结束的总费用，研究项目的投资效益，以便进行投资决策。

全寿命成本及全寿命经济性概念最初由美国军方于20世纪60年代提出，应用于军用器材采办，并迅速推广到民用企业。从20世纪80年代开始，人们开始研究建设项目的全寿命成本优化问题，从成本的角度提出全寿命管理的观念，综合考虑建设成本选择全寿命成本最优的方案。

全寿命周期费用分析要求在评价建筑物的经济性能时，对建筑物“从摇篮到坟墓”全过程进行考察，即从项目的构思、策划、设计、建造、使用、维护、修建直至拆除的整个生命周期所发生的全部费用。节能建筑一般都具有初期投资较大而运行和维护费用较低的特点，生命周期费用法从长远的角度出发，综合考虑建筑物的经济性能，因而有助于形成新的成本观，对节能建筑的评价和实施是十分有利的。

从环保和生态的角度来看，从工程项目全生命周期出发去考虑造价和成本问题，使得人们可以在全生命周期的各个环节上，通过合理的规划设计，采用节能、节水的设施和符合国家标准的、节约型的、无污染的环保建材，加强可回收物的收集和储存，实施施工废物处理，一次性装修到位等措施，在生命周期费用最小化的前提下，达到环保和生态的目的，提高工程项目建设的社会效益。

9.1.3　可持续发展理论

可持续发展是“既满足当代人的需求又不对后代人满足其需求的能力构成危害的发展”，它表达了两个基本观点：一是人类要发展；二是发展要适当，它不能危害后代人的发展。《中国 21 世纪议程》中提出：“人类住区发展的目标是通过政府部门和立法机构制定并实施人类住区可持续发展的政策法规、发展战略、规划和行动计划，动员所有的社会团体和全体民众积极参与，建设成规划布局合理、配套设施齐全、有利工作、方便生活、住区环境清洁、优美、安静，居住条件舒适的人类住区。”

可持续发展涉及可持续经济、可持续生态和可持续社会三方面的协调统一，要求人类在发展中讲究经济效益、关注生态安全和追求社会公平，最终达到人类生活质量的提高。可持续发展虽然起源于环境保护问题，但作为一个指导人类走向 21 世纪的发展理论，已经超越了单纯的环境保护，它将环境问题与发展问题有机地结合在一起，成为一个有关社会经济发展的全面性战略。

可持续发展的住宅业就是要求住宅业的发展能够与人们的需求相一致，而不是一味地进行商业炒作和膨胀；能够尽可能小地对生态环境产生负面影响，而不是与环境的对立；能够与社会的持续发展、经济的持续发展保持协调的步伐，而不是超越或滞后于它们的发展。可持续性建筑的设计就是以人类社会关于可持续发展的共同行动纲领为指导思想的设计；是对与地球环境直接相关的能源问题、资源问题作出解答的设计；同时也是从生态学的角度对人类生活模式进行重新建构的设计。

住宅的性能评定应能全面反映可持续发展理论的要求，站在更高的角度关注住宅对生态环境的影响、资源和能源利用等环境要素，追求住宅建设经济、社会和环境的协调发展和综合效益。

9.1.4　价值工程理论

价值工程(Value Engineering，VE)又称价值分析(Value Analysis，VA)，是当前广泛应用的一种技术经济分析方法，也是世界各国公认的一种相当成熟且行之有效的现代管理技术。

按照国家标准局发布的国家标准 GB8223—87《价值工程基本术语和一般工作程序》的定义，价值工程的概念可叙述如下：

价值工程是通过各相关领域的协作，对所研究对象的功能和费用进行系统分析，不断创新，旨在提高所研究对象价值的思想方法和管理技术。其目的是以研究对象的最低寿命周期成本可靠地实现使用者所需的功能，以获取最佳综合效益。

价值工程中“价值”的含义是产品的一定功能(或效用)(functions)与为获得这种功能所支出的费用(即成本)(cost)之比,即价值工程中所说的价值是指产品功能与成本之间的比值。

所谓功能是指产品所具有能够满足人们某种需求的属性,亦即某种特定效能、功用或效用。功能只有在使用过程中才能最终体现出来,所以某一产品功能的大小、高低是由用户所承认、所接受的产品的必需功能。

价值工程中的成本是指寿命周期成本。寿命周期成本是指产品在其寿命期内所发生的全部费用,包括生产成本和使用成本两部分。生产成本是指发生在企业内部的成本,包括研究开发、设计以及制造过程的费用;使用成本是指用户在使用过程中支付的各种费用的总和,它包括运输、安装、调试、管理、维修、耗能等方面的费用。

价值是产品功能与成本的综合反映。价值的高低是评价产品好坏的一种标准。价值工程是利用有组织的力量和集体智慧,通过对产品的功能分析,以最低的总成本实现产品的必要功能的一种方法。

目前我国的投资决策方法很多,像可行性研究中的财务评价、国民经济评价、盈亏平衡分析、敏感性分析、概率分析等,这些方法主要侧重于分析投入产出经济效益好坏。而如果侧重于建筑产品功能和成本角度,评价以最少的资源投入(包括人力、物力和时间)获得必要的功能,价值工程无疑是一种行之有效的科学方法。

9.1.5 层次分析评价理论

本章构建的住宅性能评价指标体系是一个多层次、多因素的系统,由于部分性能指标难以量化,因此无法避免使用主观判断进行评价。层次分析法(AHP 法)是一种定性与定量相结合的多目标决策分析技术,其基本原理就是将待识别的复杂问题分解成若干层次,由专家和决策者对所列指标通过两两比较其重要程度而逐层进行判断评分,利用计算判断矩阵的特征向量确定下层指标对上层指标的贡献程度,从而得到基层指标对总目标而言重要性的排列结果。层次分析法适合于处理那些难以量化的复杂问题,并以其系统性、灵活性、实用性等特点特别适合于多目标、多层次、多因素的复杂系统的决策,且在决策过程中,决策者直接参与决策。决策者的定性思维过程被数学化、模型化,有助于保持思维过程的一致性。尽管 AHP 法还是基于主观判断的基础上,但系统方法的使用大大减少了主观偏差[122,123]。

9.2　体系综合评价的基本思路

本章将从系统工程的角度出发，运用价值工程的基本原理对玻化微珠保温墙模复合剪力墙体系进行综合评价。通过确定不同结构的性能成本比，即价值，来反映体系经济性的好坏。从而达到减少住宅建设成本，提高住宅设计质量，指导住宅定价等目的。

综合评价的基本评价公式为

$$价值(V)=功能(F)/成本(C)$$

如前所述，价值工程涉及价值、功能和寿命周期成本三个基本要素。

(1) 功能

功能分析是价值工程活功的核心和基本内容。就住宅而言，功能是某一住宅产品区别于另一住宅产品的主要划分标准，是内在于住宅产品的以某种物理形态表现出来的本质的东西。由于节能住宅与非节能住宅的必要功能都是一致的，节能住宅的优越性体现在其性能的提高上，即为住宅产品所表现出来的适用性、安全性、耐久性等。因此，功能分析为住宅性能分析，将考虑节能建筑的实际，构建节能建筑的性能评价指标体系。

(2) 成本

价值工程研究的成本是指寿命周期成本。美国 Veterans Affairs 机构负责美国 172 家医疗中心共 2000 栋建筑的运营及维护，发现运营及维护费用大约是建造费用的 7.7 倍。根据联邦德国(1982 年)对一座办公楼项目运营期为 30 年的成本数据分析发现，办公楼的建设成本占全生命周期费用的 19%，投资利息占 39%，运营费用占 42%，运营费用是建设成本的 2.21 倍，投资利息是建设成本的 2.05 倍[124]。

以上案例均说明，建筑运行维护成本要远大于它的建设造价，而且初始造价的高低对未来的运营和维护成本的高低产生很大的影响。高的建设造价可能带来未来运营维护成本的大幅度降低，从而带来建筑物在整个生命周期内成本的降低。

从价值工程的观点出发，衡量系统效率费用比是权衡分析的主要方法。首先必须转变重初始费用轻使用费用的观点，树立寿命周期的观点。寿命周期的费用是初始费用和使用维护费用的优化，方案评选是不应以最低投资费用，而应以最低寿命周期费用作为决策目标。本章将从系统的角度出发，结合节能建筑的实际，计算不同评价对象的生命周期成本。

(3) 价值

对于价值，就住宅而言，价值的实质是效率费用比，其基本含义是分析评价对象(某类结构体系)全寿命周期成本要素(建设成本和使用成本)和投入寿命周期成本后取得的系统效率(在书中表现为住宅在技术、环境 、社会等方面的性能)。效率与费用的比值即为价值,价值的大小可以反映评价对象的综合效果。价值工程的目的就是提高研究对象的价值,而不是单纯地降低成本。不同的研究对象,其价值的体现和提高价值的方法可能不同。

9.3 性能评价指标体系的建立

9.3.1 性能评价指标建立的原则

(1) 简明科学性原则

指标体系的设计必须建立在科学的基础上,客观如实地反映住宅性能目标的构成,反映性能目标和指标的支配关系。同时,指标体系的繁简要适宜,既不能过多过细,使指标之间互相重叠,又不能过少过简,使指标信息遗漏。

(2) 系统整体性原则

构造住宅评价指标是一项复杂的系统工程,每一方面由一组指标构成,各指标之间既相互独立,又相互联系,共同构成一个有机整体。指标体系具有层次性,从宏观到微观层层深入,形成一个评价系统。

(3) 可比可量可行原则

可比性原则要求各评价指标具有可比性,这就要求指标的统计口径、含义、适用范围在不同地区一定要相同;可量化原则一是要求定性指标可以间接赋值量化,二是定量指标直接量化;可行性原则要求指标资料易于获取,易于分析计算。

(4) 动态导向性原则

为了促进新材料、新技术、新工艺在住宅建设中的运用,提高住宅产品的科技含量。在住宅性能测评指标体系中,鼓励住宅建设采用有良好经济和社会效益的科技产品,鼓励采用有利于可持续性发展的新型节能型、环保型的建筑材料或产品,鼓励采用各项节能新技术等。通过适当提高科技产品、有利于可持续性发展的材料或产品的性能量化值或量化权重的方式,体现科技产品等对住宅性能的影响,促进住宅建设对新技术的采用。

9.3.2 住宅性能测评指标体系的指标设定

本章主要对节能建筑进行综合评价,节能建筑的重要意义在于资源利用最佳、能源消耗最少、环境负荷最小、经济合理。因此应充分考虑节能建筑的各项性能,从上述原则出发构建指标体系。根据系统工程理论，参照 2005 年 1 月建设部和国家质量技术监督局联合发布的《商品住宅性能评定方法和指标体系》[125]，以及 2000 年 9 月建设部公布的《商品住宅性能评定方法和指标体系》(试行)[126]，借鉴国内外建筑性能评价的经验和方法，同时考虑节能建筑对经济、社会的影响程度，结合我国实际，构建住宅性能评价体系，综合评价所研究的节能住宅的性能。

在建立的住宅性能测评指标体系中，包括五个一级指标和各一级指标下设的一系列二级指标。具体指标和含义如下：

(1) 适用性

适用性是住宅性能中最主要的性能，它体现了住宅适合居住者使用的性能。对城市现代家庭来说，就是要满足现代居住生活行为以及现代居住心理的需求。适用性总体上还可分为居住性和舒适性两类指标。所谓居住性即住宅的固有性能，包括了住宅的热工性能、声学环境、日照和采光、空气的质量等方面。所谓舒适性则反映了建筑再创造而使住宅附加的性能。例如，居住空间的塑造和相互之间的联系和分隔，厨卫功能的设计、各种设施和设备的配置、面积及尺度等。考虑本章研究是针对墙材革新和建筑节能展开，因此指标设置主要考虑了节能建筑的特点，住宅适用性能指标的下级指标如下：

- 住宅平面与空间布局。评价住宅的平面空间布局、住宅功能分区的合理性、面积尺度等。
- 住宅的可改造性。反映住宅的开间进深情况，反映住宅适应使用要求变化的能力。
- 保温隔热。评价住宅的热工性能。
- 隔声性能。评价住宅的声学性能。

(2) 安全性

住宅的安全性(safety)不但指住宅本身不会对人的生命、财产和精神造成伤害，而且也包括住宅预防不安全事件发生的措施。住宅的安全性直接关系到人民群众的生命财产安全，必须引起设计、施工部门的高度重视。在马斯洛的需要层次论中，将人类对安全的需求列为仅次于生理需求的第二需求层次，这充分说明了安全对于人类生存的重要价值。住宅的安全是实现住宅其他性能的基础。无论建筑设计多么合理，装饰工程多么精致，如果没有安全性这一首要条件，它们都是毫无意义的，所以安全性是住宅适用性、耐久性、环境性等的基础。住宅在结构上应该是安全可靠的，且应该具有防火、防风之抗震等防灾性能。住宅的安全不但包括住宅自身的安全，还包括住宅对不安全因素的抵御能力。基于住宅安全性的这两个层面，指标体系特设置了下面一些住宅安全性下级评价指标：

- 结构安全。评价住宅结构工程设计和施工的安全程度。

- 建筑防火。评价住宅的设计是否符合防火要求以及住宅的建筑材料的防火性能。在本章中主要评价保温系统的防火性能。
- 保温系统安全性。评价住宅保温系统的施工安全程度,保温系统的强度、整体性、抗风荷载性能、抗冻融的能力。
- 有毒有害物质的危害性。评价主要材料使用阶段对人体健康的影响。

(3) 耐久性

住宅的耐久性是组成住宅的各类构件、装饰和设备,在规定时间内和规定条件下能保持其正常性能状态的性能。住宅是经久耐用的建筑产品,也是具有投资意义的保值增值的贵重商品,提高住宅耐久性可以提高住宅的使用时间,防止大批住宅的提前老化和报废。在《住宅设计规范》中明确指出住宅的物质寿命一般不少于50年,而城市管理部门则根据结构形式的不同将住宅的自然耐久年限定为:砖混结构70～80年,框架结构80～100年,砖木结构55～75年。通常把住宅从设计方案开始到危险房屋拆除为止,看作是一个住宅的生命周期(Life cycle),在这个生命周期中维持住宅"生命"的主要条件就是保持住宅的使用性能。由于受外界物理、化学、生物等自然因素的影响,住宅会发生碳化、腐蚀、锈蚀、蛀蚀等老化现象,这些都将降低住宅构件的安全程度,从而会降低住宅的整体使用性能。本章对住宅耐久性的测评包括以下方面:

- 结构构件耐久性。评价主体结构、围护结构的耐久性,以及住宅的防老化措施。
- 保温系统耐久性。考虑围护保温系统的开裂情况及耐候性。
- 住宅防水性能。评价住宅的防水性能。
- 住宅防腐性能。评价住宅各部位、构件的耐腐蚀性能。

(4) 环境性

住宅环境质量的好坏是人类居住水平高低的重要体现。无论从我国住宅建设的发展历程,还是住宅发展不同阶段改善环境质量的特征,都反映了人们对不断改善和提高居住环境质量的渴望和不懈的追求。对住宅环境性能的评价,本章着重于研究直接或间接影响居民居住生活的主要因素,并将这些因素用定量或定性的方法规范描述。环境性的下级指标如下:

- 材料生产对环境的影响。评价墙体材料生产过程中对环境的影响,包括大气污染物、粉尘、SO_2、CO_2、废水等的排放及生产所产生噪声对环境的影响。
- 废弃材料利用。从循环经济的思路出发,评价废弃材料的利用情况。
- 施工文明程度。评价不同体系施工过程中的文明程度,施工方法不同,引起的粉尘、废水、固体废弃物等环境污染也不相同,噪声大小也不一致,对环境破坏范围及程度均不相同。

- 报废材料的处理。对于失效的节能材料的回收及处理情况。

(5) 社会效益

严格来说,社会效益并不属于住宅性能指标,本章在性能评价体系中引入社会效益评价指标,目的是通过节能建筑的研究对房地产业的发展起到一定的导向性作用。社会效益包括的二级指标有:保护耕地、有效利用稀缺资源、对相关产业的带动。

9.4 住宅性能的评价方法

建立了住宅性能评价的指标体系,接下来,就需要确定住宅性能的评价方法和各指标的评价准则,也就是通过什么样的方法给住宅各项性能指标打分,待评住宅达到什么标准该得到相对应的分值。住宅性能评价指标体系的评价标准的深度与评价方法密切相关,因此首先应选择确定评价方法。住宅性能评价的理论方法可按如下步骤进行。

9.4.1 权重分配方法的选择

指标体系权重是指标相对于目标重要性的一种度量,不同的权重往往会导致不同的评价结果。因此,采取适当的方法以保证指标体系权重分配的科学性和合理性就显得至关重要。从国内外指标体系权重研究现状来看,权重的确定主要有主观赋权法与客观赋权法两大类。根据本系统的特点,采用层次分析法(The Analytic Hierarchy Process,AHP)进行权重确定。

9.4.2 层次分析法

AHP层次分析法由美国运筹学家A. L. Satty于20世纪70年代提出,是一种定性与定量相结合的多目标决策分析技术。其基本原理是将待识别的复杂问题分解成若干层次,由专家和决策者对所列指标通过两两比较其重要程度而逐层进行判断评分,利用计算判断矩阵的特征向量确定下层指标对上层指标的贡献程度,从而得到基层指标对总目标而言重要性的排列结果。层次分析法适合于处理那些难以量化的复杂问题,较好地体现了系统工程学定性与定量分析相结合的思想。在决策过程中,决策者直接参与决策,决策者的定性思维过程被数量化、模型化,而且还有助于保持思维过程的一致性。层次分析法以其系统性、灵活性、实用性等特点特别适合于多目标、多层次、多因素的复杂系统的决策[127]。

9.4.3 确定指标因素及各因素的权重

1. 建立递阶层次结构

根据对住宅性能层次的分析，把住宅性能的影响因素划分为三个层次，即目标层、一级指标、二级指标（如图 9-1 所示）。

目标层即住宅最终的性能测评值（A）；一级指标是影响住宅性能的第一级影响因素（B），包括住宅的适用性（B_1）、安全性（B_2）、耐久性（B_3）、环境性（B_4）、社会效益（B_5）；二级指标即一级指标的下级影响和控制指标（C_{ij}）。

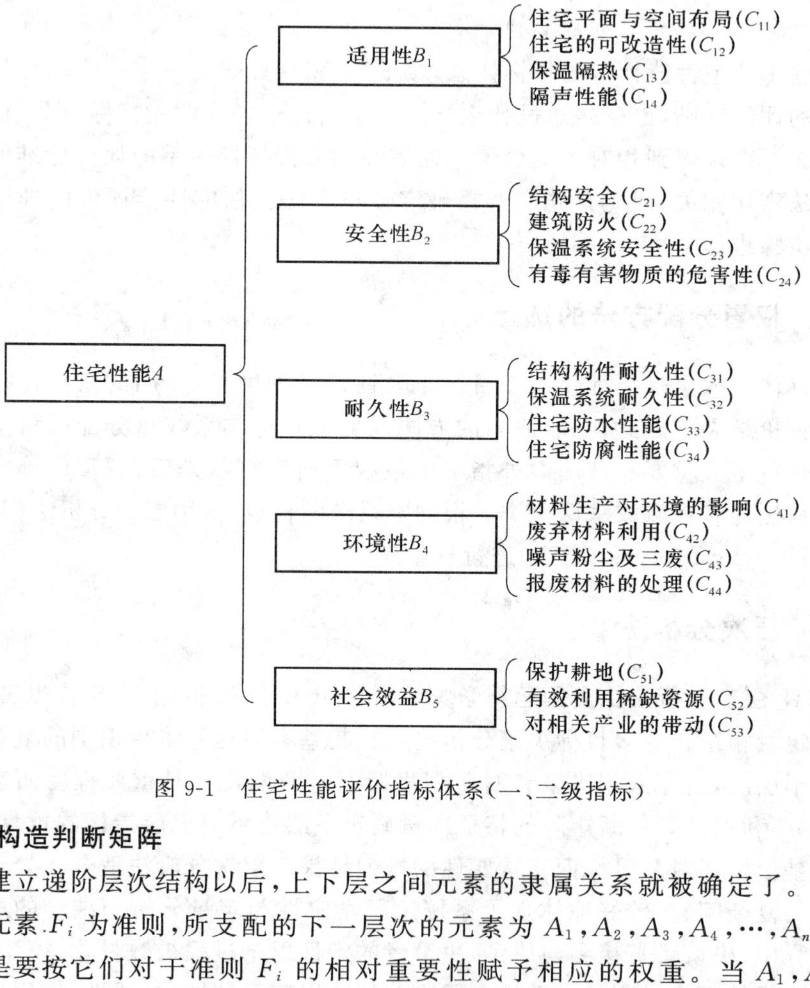

图 9-1 住宅性能评价指标体系（一、二级指标）

2. 构造判断矩阵

在建立递阶层次结构以后，上下层之间元素的隶属关系就被确定了。假定以上一层元素 F_i 为准则，所支配的下一层次的元素为 $A_1, A_2, A_3, A_4, \cdots, A_n$。我们的目的是要按它们对于准则 F_i 的相对重要性赋予相应的权重。当 $A_1, A_2, A_3, A_4, \cdots, A_n$ 对于 F_i 的重要性可以直接定量表示时，它们相应的权重可以直接确定。

但是对于住宅性能测评指标体系的各层次元素，其相对重要性是不能直接获得的，这时就需要通过适当的方法导出它们的权重。以下将运用层次分析两两比较的方法来确定各层次元素的权重值。它的主要思路是通过有关专家对每一层次的各个因素两两比较，对不同因素的重要性给出不同的判断，并把这种判断通过一定的方法加以量化，从而构成各个不同层次的矩阵，这是层次分析法的数量基础。在这一步中，有关专家要反复地回答问题：针对准则 F，两个元素 A_i 和 A_j 哪一个更重要，重要多少，并采用美国运筹学家萨迪(T. L. Saaty)提出的标度法对重要性赋值。表 9-1 列出了美国运筹学家萨迪的标度法 1～9 标度的含义。这样对于准则 F_i，n 个被比较元素构成了一个两两比较判断矩阵，如表 9-2 所示。

表 9-1　九级标度法及含义

标度	解释
1	i 元素与 j 元素同等重要
3	i 元素比 j 元素略微重要
5	i 元素比 j 元素比较重要
7	i 元素比 j 元素非常重要
9	i 元素比 j 元素绝对重要
2、4、6、8	表示上述相邻判断的中间值
上列各数的倒数	为 j 元素与 i 元素重要标度

表 9-2　判断矩阵的一般形式

F_i	A_1	A_1	…	A_j	…	A_n
A_1	a_{11}	a_{12}	…	a_{1j}	…	a_{1n}
A_2	a_{21}	a_{22}	…	a_{2j}	…	a_{2n}
…	…	…	⋮	⋮	…	⋮
A_i	a_{i1}	a_{i2}	…	a_{ij}	…	a_{in}
…	…	…	⋮	…	⋮	⋮
A_n	a_{n1}	a_{n2}	…	a_{nj}	…	a_{nn}

注：表中 a_{ij} 就是元素 A_i 与 A_j 相对于 F_i 的重要性比例标度。

9.4.4　计算各层次指标权重

1. 单排序权重计算

根据判断矩阵，计算对于上一层某元素而言，本层与之有联系的所有因素的权重的过程，称为层次单排序。可以根据层次分析法基本原理，通过数学计算求出判断矩阵对应于最大特征值 λ_{max} 的特征向量。此特征向量的各元素即权重值，也就是单排序结果。

2. 单排序一致性检验

AHP 法的主要优点是将决策者的定性思维过程定量化，但由于评价对象是个复杂的系统，专家们在认识上存在不可避免的多样性和片面性，即使有九级标度也不能保证每个判断矩阵具有完全一致性，因此必须通过一致性检验检查各个指标的权重之间是否存在矛盾之处。

(1) 计算判断矩阵的最大特征根 λ_{max}

$$\lambda_{max} = \sum_{i=1}^{n} \frac{(\boldsymbol{AW})_i}{n \cdot \boldsymbol{W}_i} \tag{9-1}$$

式中，λ_{max} 为判断矩阵的最大特征根；n 为判断矩阵的阶数，也即层次子系统中的指标个数；A 为判断矩阵；W 为判断矩阵的特征向量；$(AW)_i$ 为判断矩阵 $\boldsymbol{A}$ 与其特征向量 $\boldsymbol{W}$ 相乘而得的向量 AW 的第 i 个元素。

(2) 计算一致性指标 CI(Consistency Index)

$$\mathrm{CI}=\frac{\lambda_{max}-n}{n-1} \tag{9-2}$$

(3) 计算随机一致性比率 CR(Consistency Ratio)

$$\mathrm{CR}=\mathrm{CI}/\mathrm{RI} \tag{9-3}$$

式中，RI 为平均随机一致性指标，根据表 9-3 取 RI 值；当 CR≤0.10 时，判断矩阵具有满意的一致性，否则应对判断矩阵作适当修正。

表 9-3　平均随机一致性指标 RI

n	1	2	3	4	5	6	7	8	9	10
RI	0	0	0.58	0.89	1.12	1.26	1.36	1.41	1.46	1.49

根据上述计算方法，对一、二级指标计算单排序权重及进行一致性检验，计算结果如表 9-4 和表 9-5 所示。计算结果汇总于表 9-6。

表 9-4　二级指标的判断矩阵及权重计算

适用性指标 B_1	C_{11}	C_{12}	C_{13}	C_{14}	权重
C_{11}	1	3	1	2	0.356 2
C_{12}	1/3	1	1/2	1/2	0.125 1
C_{13}	1	2	1	2	0.324 9
C_{14}	1/2	2	1/2	1	0.193 8
λ_{max}=4.046　CI=0.015　RI=0.90　CR=0.017					

续 表

安全性指标 B_2	C_{21}	C_{22}	C_{23}	C_{24}	权重
C_{21}	1	2	2	2	0.394 5
C_{22}	1/2	1	1	1/2	0.276 7
C_{23}	1/2	1	1	1/2	0.164 4
C_{24}	1/2	2	2	1	0.164 4

$\lambda_{max}=4.060$ CI=0.020 RI=0.90 CR=0.022

耐久性指标 B_3	C_{31}	C_{32}	C_{33}	C_{34}	权重
C_{31}	1	2	3	4	0.456 8
C_{32}	1/2	1	2	3	0.277 2
C_{33}	1/3	1/2	1	2	0.161 0
C_{34}	1/4	1/3	1/2	1	0.096 0

$\lambda_{max}=4.026$ CI=0.009 RI=0.90 CR=0.01

环境性指标 B_4	C_{41}	C_{42}	C_{43}	C_{44}	权重
C_{41}	1	3	2	5	0.482 4
C_{42}	1/3	1	1/2	2	0.178 0
C_{43}	1/2	2	1	3	0.251 3
C_{44}	1/5	1/2	1/3	1	0.088 3

$\lambda_{max}=4.036$ CI=0.012 RI=0.90 CR=0.013

社会效益指标 B_5	C_{51}	C_{52}	C_{53}	权重
C_{51}	1	2	3	0.539 0
C_{52}	1/2	1	2	0.297 2
C_{53}	1/3	1/2	1	0.163 8

$\lambda_{max}=3.009$ CI=0.005 RI=0.58 CR=0.009

表 9-5 一级指标的判断矩阵及权重计算

A	B_1	B_2	B_3	B_4	B_5	权重
B_1	1	2	2	1	2	0.280 4
B_2	1/2	1	2	1/2	2	0.190 0
B_3	1/2	1/2	1	1/2	1	0.124 6
B_4	1	2	2	1	2	0.280 4
B_5	1/2	1/2	1	1/2	1	0.124 6

$\lambda_{max}=5.078$ CI=0.02 RI=1.12 CR=0.02

表 9-6 一、二级指标的权重值

一级指标(B_i)	二级指标(C_{ij})	权重
适用性(B_1) 0.280 4	住宅平面与空间布局(C_{11})	0.356 2
	住宅的可改造性(C_{12})	0.125 1
	保温隔热(C_{13})	0.324 9
	隔声性能(C_{14})	0.193 8
安全性(B_2) 0.190 0	结构安全(C_{21})	0.394 5
	建筑防火(C_{22})	0.276 7
	保温系统安全性(C_{23})	0.164 4
	室内污染物控制(C_{24})	0.164 4
耐久性(B_3) 0.124 6	结构构件耐久性(C_{31})	0.456 8
	保温系统耐久性(C_{32})	0.277 2
	住宅防水性能(C_{33})	0.161 0
	住宅防腐性能(C_{34})	0.096 0
环境性(B_4) 0.280 4	材料生产对环境的影响(C_{41})	0.482 4
	废弃材料利用(C_{42})	0.178 0
	施工文明程度(C_{43})	0.251 3
	报废材料的处理(C_{44})	0.088 3
社会效益(B_5) 0.124 6	保护耕地(C_{51})	0.539 0
	有效利用稀缺资源(C_{52})	0.297 2
	对相关产业的带动(C_{53})	0.163 8

应该指出的是，由于住宅建设目的不同，种类不同，所满足居住者的需求不同，所以住宅性能评价的各个一级及其二级指标的权重值并不是固定的，而是随所评价住宅的种类、建设目的、服务对象的不同而不同，且同一类住宅的性能评价的各个指标的权重值也随着社会的发展进步、居民要求的不断提高而变化。

9.4.5 性能评分值的确定方案

依据层次分析法计算得出住宅性能测评指标的各级指标权重值后，就可以构建住宅性能测评指标体系。确定了住宅性能测评指标体系后就需确定住宅各项性能指标的分值，从而得到各项住宅性能的得分及住宅性能的总得分。

在住宅性能测评体系中，存在两类测评指标。一类是定量指标，是指能够通过数值的大小具体反映评价对象优劣状况的指标。另一类是定性指标，是指不能直接通过计算数值大小来反映评价对象优劣的指标。为了保证测评结果的客观公正性，应尽可能多地采用定量指标，但是在住宅的测评指标体系中不可避免地存在定性指标。

1. 性能评分值确定的原则

(1) 对定性指标的评分

对定性指标进行评分，先要给出评分的等级标准及相应的评语集。如评语集为(优，良，中，差、劣)或(很好，好，一般，差，很差)，对应基本评分集为(1.0,0.8,0.6,0.4,0.2)。此外，考虑到性能指标变化的多样性、复杂性，允许评价者对评价指标得分在基本评分值上下浮动，亦可采用连续区间的评分集格式，即评语集(优，良，中，差，劣)对应的评分集为([0.9,1],[0.7,0.9],[0.5,0.7],[0.3,0.5],[0,0.3])。组织 n 个专家对某一指标进行评价，将 n 个评价得分进行平均即得出该指标的评价分。

(2) 对定量指标的评分

对定量指标评分有两个要求，一要使评分值在[0,1]之间，二要体现出一定的合理性，使最优者得分为 1，最差者得分为 0。先按有关规则，确定各指标取值变化范围[a,b]，然后将评价指标分为三种情况分别加以考虑。第一种为在指标变化范围内取值越大越好，如废弃材料利用率；第二种为在指标变化范围内取值越小越好，如消耗粘土比重；第三种为在指标变化范围内指标有一定的合理区间，指标取值过大或过小都不好，如房间层高指标。

对于取值越大越好的指标 C_i，其实际取值 x 对应的评分值 X_i 为

$$X_i=\frac{x-a}{b-a} \tag{9-4}$$

对于取值越小越好的指标 C_j，其实际取值 x 对应的评分值 X_j 为

$$X_j=\frac{b-x}{b-a} \tag{9-5}$$

对于取值最佳区间为[e,f](e 和 f 亦可以相等)，过大或过小都不好的指标 C_k，其实际取值 x 对应的评分值 X_k 为

$$X_k=\begin{cases} x-a/e-a & a\leqslant x\leqslant e \\ 1 & e\leqslant x\leqslant f \\ b-x/b-f & f\leqslant x\leqslant b \end{cases} \tag{9-6}$$

由上可见，尽管定性指标与定量指标的评分方法不同，但评分的结果都在[0,1]之间，且对最好的结果评分值都为 1。此外在定性指标的评分中充分体现了专家们的集体意识。

2. 性能评分值的具体确定

下面对评价指标体系(图 9-1)的二级指标制定具体的评分标准。考虑节能建

筑的实际情况，同时考虑评分的可行性，确定二级指标的指标评分标准，如表 9-7 和表 9-8 所示。表 9-7 和表 9-8 分别表示定性、定量指标的评分标准。

表 9-7 定性指标评分标准

一级指标	二级指标(C_{ij})	评价参考
适用性	住宅平面与空间布局(C_{11})	不同结构的使用面积
	住宅的可改造性(C_{12})	反映住宅的开间进深状况
安全性	结构安全(C_{21})	结构承载力、抗震性能
	保温系统安全性(C_{23})	保温系统的强度、整体性、抗风荷载性能
	室内污染物控制(C_{24})	建筑材料使用阶段的污染主要是对人体健康的影响，引起室内环境污染的材料主要有三类：再生材料和无机材料、木材、高分子材料。无机材料和再生材料对人体健康产生的问题主要有三方面：①氡气；②辐射；③石棉。高分子材料的问题主要有：①苯；②氨气
耐久性	结构构件耐久性(C_{31})	主要考虑围护结构的耐久性
	住宅防水性能(C_{33})	主要考虑保温材料的吸水率，围护结构的防水情况
	住宅防腐性能(C_{34})	依据墙体材料的防腐蚀能力分析
环境性	材料生产对环境的影响(C_{41})	对环境影响有以下方面： • 大气污染物。墙体材料的大气污染物主要来源于燃料燃烧过程中窑炉的排放； • 粉尘。墙材生产过程中粉尘的多少与所用原材料中粉粒状材料用量的多少息息相关； • SO_2，CO_2。以粘土砖生产的排放量为基准； • 废水。依据《建材工业环境保护工作条例》的规定分析； • 噪声，根据 GBJ87—85《工业企业噪声控制设计规范》的噪声限值为基准评价。
	施工文明程度(C_{43})	根据施工方法和施工噪声来评价，施工方法分湿法施工、半干半湿施工及干法施工，噪声依据 GB12523—90《建筑施工场界噪声限值》分析
社会效益	对相关产业的带动(C_{53})	主要考虑对于节能型技术、工艺、设备、材料和产品等产业的带动

表 9-8　定量指标评分标准

一级指标	二级指标(C_{IJ})	评分计算式	指标范围说明	确定依据
适用性	保温隔热(C_{13})	$X_j=\frac{0.78-x}{0.78-0.4}$	以外墙传热系数($W/m^2\cdot K$)作为评价依据，传热系数越小越好，太原地区外墙传热系数限制为 0.78，考虑严寒地区的传热系数限值为 0.4，因此选定传热系数变化范围[0.4,0.78]($W/(m^2\cdot K)$)	JGJ26—95《民用建筑节能设计标准》
	隔声性能(C_{14})	$X_i=\frac{x-40}{55-40}$	以外墙计权隔声量作为评价依据，计权隔声量越大越好，住宅允许噪声级最大为 50 dB，另，根据有特殊要求的房间的计权隔声量限制为 40 dB，选择 40 dB 作为下限，因此选定计权隔声量变化范围[40,55](dB)	GBJ118—88《民用建筑隔声设计规范》
安全性	建筑防火(C_{22})	$X_i=\frac{x-0.25}{4-0.25}$	以建筑构件的燃烧性能和耐火极限为评价依据，耐火极限的范围[0.25,4](h)	GBJ16—87《建筑设计防火规范》
耐久性	保温系统耐久性(C_{32})	$X_i=\frac{x-0}{50-0}$	考虑围护结构的开裂情况及耐候性试验，保温系统要求经 80 次热/雨和 5 次热/冷循环后，表面无裂缝、空鼓、脱落现象。考虑可比性，满足规程要求的前提下，以耐久年限衡量。年限范围[0,50](年)	JGJ144—2004《外墙外保温工程技术规程》
环境性	废弃材料利用(C_{42})	$X_i=\frac{x-0}{0.5-0}$	由于工业废渣的利用对环境影响具有积极作用，因而认为利废率越高越好，根据国家对工业废渣利用比重超过 30%就免税的原则及一般新型墙材掺量最高可达 60%～70%的现状，确定该指标评分标准为[0,50%]	
	报废材料的处理(C_{44})	$X_j=\frac{0.24-x}{0.24-0}$	以每平米墙体所产生的固体废弃物堆场(m^3)大小来衡量，范围[0,0.24](m^3/m^2)	
社会效益	保护耕地(C_{51})	$X_j=\frac{100\%-x}{100\%-0}$	以粘土占原材料总重的比重来评价，比重越小越好，设定范围[0,100%]	
	有效利用稀缺资源(C_{52})	$X_j=\frac{1\,920-x}{1\,920-384}$	以 1 m^3 制品不可再生资源消耗总量评价。由于墙材所耗资源为不可再生矿物资源，开采过程中会造成水土流失、植被破坏、生物多样性减少等环境影响，且消耗总量越大，环境破坏越严重。因为墙材中以实心粘土砖对资源的破坏最为严重，故以 1 m^3 粘土实心砖所消耗的资源总量 1 920 kg/m^3 为评价上限，由于墙材中利废率较高为 80%，则资源消耗量至少为 20%(384 kg/m^3)，以此为下限，故设定范围[384,1 920]	墙材主要原材料环境影响折算表(表 9-9)

表 9-9 墙材主要原材料环境影响折算表

	燃煤系统	水泥制造(1 kg)	石灰(1 kg)	石膏(1 kg)
能源消耗	1 kg 标煤	0.262 kg 标准煤	0.131	0.065
CO_2/kg	2.212	0.885	0.8	0.144
SO_2/kg	1.95×10^{-2}	0.51×10^{-2}	0.255×10^{-2}	0.127×10^{-2}
不可再生资源		1.65 kg(1.3 kg 石灰石、0.3 kg 粘土、0.05 kg 石膏)	1.79 kg 石灰石	1 kg 二水石膏

9.4.6 体系最终性能得分

确定了住宅性能各指标的权重值和对每一指标的评分方法,就可以对住宅性能进行综合评价,确定其最终得分值。

把住宅性能的四个评价一级指标各自的满分亦定为 1 分,住宅总性能评价的满分亦定为 1 分,按层次分析法直接计算得到的一级权重值均小于 1,其和为 1。同样对于各一级指标下的二级指标,依上述方法计算得到的权重值亦小于 1,其和亦为 1。

对于某一种住宅体系,其最终性能综合得分为

$$F^{(m)}=\sum_{i=1}^{5}K_i^{(m)}\sum_{j=1}^{n}K_{ij}^{(m)}X_{ij}^{(m)} \tag{9-7}$$

式中,$F^{(m)}$ 为第 m 种被评价住宅的性能总得分值;$K_{ij}^{(m)}$ 为第 m 种被评价住宅第 i 项性能一级指标评价值的第 j 项二级指标的权重值;$X_{ij}^{(m)}$ 第 m 种被评价住宅第 i 项性能一级指标评价值的第 j 项二级指标的量化评分值;i 为性能评价一级指标序号;j 为二级指标序号;n 为二级指标数目;$K_i^{(m)}$ 为第 m 种被评价住宅的第 i 项性能一级指标的权重值;i 为住宅性能评价一级指标序号 $i=1,2,3,4,5$;m 为待评价结构数目。

9.5 寿命周期成本确定

9.5.1 全寿命周期成本的内涵

建筑的投入,除了初始投资外,还包括整个使用寿命期内的各项支出,即项目自立项开始至建筑报废后,用于建筑物的规划、设计、建设、运行、维护、保养及建筑废弃物的回收、运输、处理等费用。

狭义的项目寿命周期成本如图 9-2 所示；广义的项目寿命周期成本如表 9-10 所示。

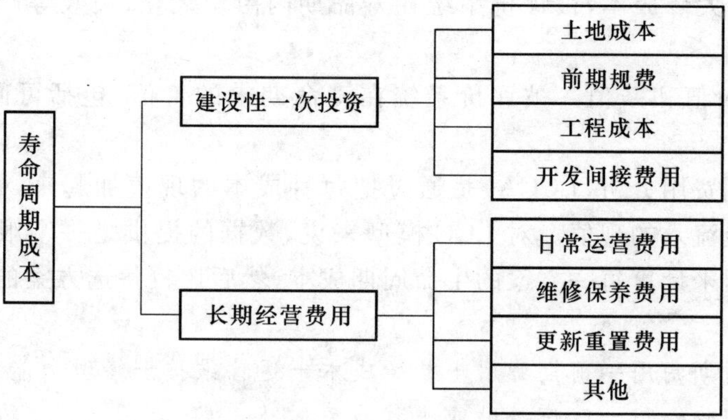

图 9-2　狭义生命周期成本构成

表 9-10　广义生命周期成本构成

	企业成本	用户成本	社会成本
设计阶段	市场调研、开发	—	—
生产阶段	材料、能源、设备、工资等	—	垃圾、污染、健康损害
使用阶段	运输、储存、储存、停用损失、社会保险	运输、储存、能源、材料、维护	包装、垃圾、污染、健康损坏
回收/报废阶段	—	回收/报废费用	垃圾、报废、污染、健康损坏

9.5.2　全寿命周期成本计算数学模型

由于广义的生命周期成本研究需要大量庞大的数据和统计资料，所涉及的不确定性因素和不可定量因素较多，在我国目前还很难对其进行研究。狭义的研究仅限于对节能建筑运行相关费用进行分析，排除了不确定性因素，各要素基本可定量化，也就相对增加了成本的精确性和现实可操作性。在分析过程中，全寿命周期成本主要包括前期费用、初始成本、运行维护成本、替换、大修成本及回收价值。

- 初始成本。即建设成本（工程造价），包括资本投资成本、购买、安装成本。
- 运营成本。运营成本是年度成本包括在设施运行过程中的成本，与建筑物功能和保管服务有关。
- 维护成本。为了简单起见，当作年度成本来对待（包括维修成本）。维修成本是对某建筑结构部件进行维修时所发生的支出。对于某些建筑系统或部件,需要进行替换,这时的维护成本等于维修成本加上部件拆除成本。

- 替换、大修成本,被评价系统在寿命期内由于老化、失效等产生的更换、大修成本。
- 回收价值和残值。被评价系统在寿命期末的价值,包括可回收利用材料价值。

寿命周期费用分析(LCCA)是通过把每种成本的现值加起来,并且减去回收价值等的现金流入的现值。对 LCC 模型来说,数据的提供是一个艰巨的任务,需导入大量数据来计算每一方案的生命周期成本,然后比较备选方案的优劣,计算公式如下:

全生命周期费用=前期费用+初始成本+运营维护+修理+能源+水+…+更换-拆除回收余值-政府补贴或税赋减免

简化上式,将能源、清洁、水等合并到运营成本中,得到如下模型:

$$\mathrm{LCC}=C_{\mathrm{q}}+C_0+C_1(P/A,i,N)+C_2(P/F,i,t)-S(P/F,i,t)-Q(P/F,i,t) \tag{9-8}$$

式中,C_{q} 为前期费用;C_0 为初始成本(建设投资等);C_1 为年运营成本(包括能源、清洁、环境保护)及年维护成本;C_2 为替换、大修成本;S 为残值和可回收利用材料价值;Q 为政府补贴或税赋减免;$(P/A,i,N)$ 为年金现值系数;$(P/F,i,t)$ 为折现系数;i 为折现率。

9.6 评价方法和评价准则

价值工程研究的目的是为了提高研究对象的价值,而不是简单地降低成本。不同的研究对象,其价值的体现和提高价值的方法可能不同。

价值的计算有两种方法[128]:绝对值法(功能成本法)和相对值法(功能指数法)。本节从可比性的角度出发,选用相对值法。其表达式为

$$\mathrm{VI}^{(m)}=\frac{\mathrm{FI}^{(m)}}{\mathrm{CI}^{(m)}} \tag{9-9}$$

式中:$\mathrm{VI}^{(m)}$ 为第 m 种结构体系的价值指数;$\mathrm{FI}^{(m)}$ 为第 m 种结构体系的性能指数;CI^{m} 为第 m 种结构体系的寿命周期成本指数。

相对值法的特点是用分值来表示评价对象价值的大小,以使性能与成本具有可比性。由于评价对象的性能与成本水平都是用它们在方案总体中所占的比率来表示的,这样就可解决结构体系价值表现形式较多、不易量化和同趋势化处理的问题,从而能方便快速地计算出价值,得到不同方案的综合评价结果。

1. 性能指数的确定

对于选定的多种体系，其性能指数为

$$\mathrm{FI}^{(m)}=\frac{F^{(m)}}{\sum F^{(m)}} \tag{9-10}$$

式中，$F^{(m)}$为第 m 种被评价住宅的性能总得分值；$\mathrm{FI}^{(m)}$为第 m 种结构体系的性能指数。

2. 成本指数的确定

$$\mathrm{CI}^{(m)}=\frac{\mathrm{LCC}^{(m)}}{\sum \mathrm{LCC}^{(m)}} \tag{9-11}$$

式中，$\mathrm{LCC}^{(m)}$为第 m 种结构体系的寿命周期成本；$\mathrm{CI}^{(m)}$为第 m 种结构体系的寿命周期成本指数。

3. 价值指数的确定

由式(9-10)算出了住宅性能指数，由式(9-11)计算了住宅成本指数，以性能指数除以成本指数(式(9-9))，即可得出住宅性能成本比，即价值指数。

$$\mathrm{VI}^{(m)}=\frac{\mathrm{FI}^{(m)}}{\mathrm{CI}^{(m)}}$$

评价准则为系统的性能成本比(价值指数)越高，体系综合经济效益越好。

9.7 本章小结

本章运用系统工程、价值工程、层次分析法等理论和方法系统研究了住宅性能评定的层次结构模型及内容、指标权重、评价方法和评价工具，具体内容如下：

- 构建了住宅的性能指标。根据影响住宅性能的因素，依据 AHP 方法确定了住宅的性能评定指标；
- 建立了住宅的性能量化评价方法。利用 AHP 及模糊综合评判的方法，结合我国现行规范和工程实际确定了住宅性能的量化评价方法；
- 根据节能建筑实际建立了住宅全寿命周期成本计算数学模型；
- 在上述研究的基础上，建立了住宅价值工程测评体系。

第 10 章 玻化微珠保温墙模复合剪力墙结构综合评价

本章将对复合剪力墙结构试验楼进行综合评价，研究其性价比，并和其他体系进行对照，评定其优劣。采用的其他结构体系均采用相同的平、立、剖面，不同体系在外墙做法上存在差异。对比体系包括多层砖混结构，以及采用不同外墙保温做法的普通剪力墙结构。通过计算几种体系的性能成本比，来分析节能技术的经济合理性，为节能建筑的推广及节能技术的采用提供科学依据。

10.1 研究体系概况

玻化微珠保温墙模复合剪力墙体系试验楼为三层结构，本章将根据试验楼的具体情况，对三种体系进行基于价值工程的综合评价。本章采用的三种体系为：永久性保温墙模复合剪力墙体系，普通剪力墙结构(外保温采用 EPS 保温板薄抹灰外墙保温系统)，砖混结构体系(外保温采用 EPS 保温板薄抹灰外墙保温系统)。

采用的对比体系均采用同一平、立、剖面，由于主要研究的是玻化微珠永久性保温墙模复合剪力墙体系与其他体系的寿命周期成本的比较，所以假设各体系屋顶、门窗等围护结构视为相同构造，只是在内外墙上存在差别。

10.1.1 试验楼有关参数

(1) 试验楼有关的面积和体积

玻化微珠永久性保温墙模复合剪力墙结构体系三层试验楼长 20.04 m，宽 10.74 m，共 3 层，层高均为 3.3 m，建筑物总高度为 10.85 m。

试验楼建筑面积：$A_0=508.7\ m^2$；建筑体积：$V_0=1\ 726.724\ m^3$；换气体积：$V=0.65V_0=1\ 122.371\ m^3$(楼梯间采暖时)；建筑外表面积：$F_0=806.255\ m^2$；外墙体面积：$S=496.194\ m^2$，建筑体形系数为

$$\frac{F_0}{V_0}=\frac{806.255}{1\ 726.724}=0.467>0.3$$

(2) 试验楼窗墙面积比

试验楼窗墙面积比需分东、南、西、北四个方向。其中，东面：$S_{窗}/S_{墙}=0.247<0.3$；北面：$S_{窗}/S_{墙}=0<0.35$；西面：$S_{窗}/S_{墙}=0.205<0.3$；南面：$S_{窗}/S_{墙}=0.176<0.25$。

可以看出，该试验楼各向的窗墙面积比均符合 JGJ26—95《民用建筑节能设计标准(采暖居住建筑部分)》的要求。

10.1.2　围护结构构造做法

复合剪力墙体系的围护结构构造做法如表 10-1 所示。

表 10-1　围护结构的构造及传热系数

名称	构造做法		传热系数/($W\cdot m^{-2}\cdot K^{-1}$)
屋顶	4 mm 厚改性沥青油性油毡防水层〔$\lambda=0.17$ W/(m·K)〕 20 mm 厚 1∶3 水泥砂浆找平层〔$\lambda=0.93$ W/(m·K)〕 1∶6 水泥焦渣找 2%排水坡，最薄处 30 mm 厚〔$\lambda=0.63$ W/(m·K)〕 80 mm 厚聚苯乙烯板〔$\lambda=0.042$ W/(m·K)〕 120 mm 厚钢筋混凝土屋面板〔$\lambda=1.74$ W/(m·K)〕		0.441
外墙	涂白色内墙乳胶漆 2 mm 厚麻刀灰抹面 6 mm 厚 1∶3 石灰膏砂浆〔$\lambda=0.76$ W/(m·K)〕 10 mm 厚 1∶3∶9 水泥石灰膏砂浆打底〔$\lambda=0.87$ W/(m·K)〕 120 mm 厚永久性保温墙模〔$\lambda=0.067$ W/(m·K)〕 120 mm 厚剪力墙〔$\lambda=1.74$ W/(m·K)〕 10 mm 厚抗裂砂浆〔$\lambda=0.93$ W/(m·K)〕 20 mm 玻化微珠轻质砂浆找平〔$\lambda=0.06$ W/(m·K)〕 外刷高级涂料		0.421
外门	夹板木门		2.50
窗户	东西	单层双玻塑钢窗(空气层厚度 12 mm)	2.70
	南	单层双玻塑钢窗(空气层厚度 12 mm)	2.70
	北	单层双玻塑钢窗(空气层厚度 12 mm)	2.70
地面	20 mm 厚 1∶2 水泥砂浆压实抹光〔$\lambda=0.93$ W/(m·K)〕 刷素水泥浆结合层一道 50 mm 厚 C15 豆石混凝土〔$\lambda=1.51$ W/(m·K)〕 120 mm 厚聚苯乙烯泡沫板〔$\lambda=0.042$ W/(m·K)〕 60 mm 厚 C15 混凝土〔$\lambda=1.51$ W/(m·K)〕 150 mm 厚 3∶7 灰土〔$\lambda=0.93$ W/(m·K)〕 素土夯实		0.302

普通剪力墙体系(外保温采用 EPS 薄抹灰系统)的外墙具体做法如表 10-2 所示。砖混结构体系(外保温采用 EPS 薄抹灰系统)的外墙具体做法如表 10-3 所示。

表 10-2　普通剪力墙体系外墙做法

名称	构造做法	传热系数/(W·m⁻²·K⁻¹)
外墙	涂白色内墙乳胶漆 2 mm 厚麻刀灰抹面 6 mm 厚 1∶3 石灰膏砂浆〔$\lambda=0.76$ W/(m·K)〕 10 mm 厚 1∶3∶9 水泥石灰膏砂浆打底〔$\lambda=0.87$ W/(m·K)〕 120 mm 厚剪力墙〔$\lambda=1.74$ W/(m·K)〕 60 mm 厚聚苯乙烯板〔$\lambda=0.042$ W/(m·K)〕 20 mm 厚水泥砂浆找平〔$\lambda=0.93$ W/(m·K)〕 外刷高级涂料	0.592

表 10-3　砖混结构外墙做法

名称	构造做法	传热系数/(W·m⁻²·K⁻¹)
外墙	涂白色内墙乳胶漆 2 mm 厚麻刀灰抹面 6 mm 厚 1∶3 石灰膏砂浆〔$\lambda=0.76$ W/(m·K)〕 10 mm 厚 1∶3∶9 水泥石灰膏砂浆打底〔$\lambda=0.87$ W/(m·K)〕 370 mm 厚粘土砖〔$\lambda=0.81$ W/(m·K)〕 60 mm 厚聚苯乙烯板〔$\lambda=0.042$ W/(m·K)〕 20 mm 厚水泥砂浆找平〔$\lambda=0.93$ W/(m·K)〕 外刷高级涂料	0.482

10.2　复合剪力墙体系及对比体系性能得分

三种体系各自的性能指标得分表如表 10-4 所示，总性能指标得分计算汇总于表 10-5。

10.3　复合剪力墙体系及对比体系全寿命周期成本

10.3.1　复合剪力墙体系及对比体系建造费用

(1) 复合剪力墙建造费用

本节计算了永久性保温墙模复合剪力墙体系的土建及装饰工程的工程造价，计算依据包括 GB50500—2003《建设工程工程量清单计价规范》、山西省建筑装饰消耗量定额(2005)、山西省建设工程计价依据(2005)。费用汇总表如表 10-6 所示。

(2) 普通剪力墙建造费用(含外保温)

普通剪力墙,采用 EPS 保温板薄抹灰外保温系统,内外剪力墙厚 120 mm,外墙面做法增加 6 mm 厚聚苯板保温,纤维丝网。其余屋顶、门窗与地面等围护结构做法与永久性保温墙模复合剪力墙体系做法相同。普通剪力墙土建部分费用、保温部分费用、装饰部分费用汇总如表 10-7 所示。

(3) 砖混结构建造费用(含外保温)

砖混结构构造为:内墙 240 mm、外墙 370 mm,外墙面做法增加 60 mm 厚聚苯板保温,纤维丝网。其余屋顶、门窗与地面等围护结构做法与永久性保温墙模复合剪力墙体系做法相同。砖混结构体系土建部分费用、保温部分费用、装饰部分费用如表 10-8 所示。

表 10-4　体系性能指标得分表

二级指标(C_{ij})	评价标准	实际值			指标得分		
		本体系	普通混凝土	砖混	本体系	普通混凝土	砖混
适用性							
住宅平面与空间布局(C_{11})					0.70	0.70	0.65
住宅的可改造性(C_{12})					0.7	0.7	0.70
保温隔热(C_{13})	墙体传热系数/($W \cdot m^{-2} \cdot K^{-1}$)	0.421	0.592	0.482	0.94	0.49	0.78
隔声性能(C_{14})	外墙计权隔声量/dB	53	50	55	0.87	0.67	1.0
安全性							
结构安全(C_{21})					0.95	0.9	0.95
建筑防火(C_{22})	耐火极限/h	≥4	2	2	1.0	0.47	0.47
保温系统安全性(C_{23})					0.95	0.60	0.60
有毒有害物质危害性(C_{24})					1.0	0.8	0.80
耐久性							
结构构件耐久性(C_{31})					0.9	0.9	0.80
保温系统耐久性(C_{32})	耐久年限/年	50	25	25	1.0	0.50	0.5
住宅防水性能(C_{33})					0.70	0.70	0.70
住宅防腐性能(C_{34})					0.80	0.70	0.70
环境性							

续 表

二级指标(C_{ij})	评价标准	实际值			指标得分		
材料生产对环境的影响(C_{41})					0.85	0.65	0.50
废弃材料利用(C_{42})	工业废渣利用比重/(%)	32	40	10	0.64	0.80	0.20
施工文明程度(C_{43})					0.75	0.60	0.55
报废材料的处理(C_{44})	固体废弃物堆场/($m^3 \cdot m^{-2}$)	0.08	0.15	0.24	0.67	0.38	0
社会效益							
保护耕地(C_{51})	粘土占原材料比重/(%)	0	0	100	1.0	1.0	0
有效利用稀缺资源(C_{52})	不可再生资源消耗量/($kg \cdot m^{-3}$)	495	520	1 920	0.93	0.91	0
对相关产业的带动(C_{53})					0.80	0.70	0.55

表 10-5 总性能指标得分表

一级指标(B_i)	二级指标(C_{ij})	不同体系住宅得分值			权重(W_{ij})
		复合剪力墙	普通剪力墙	砖混结构	
适用性(B_1) 0.280 4	住宅平面与空间布局(C_{11})	0.70	0.70	0.65	0.356 2
	住宅的可改造性(C_{12})	0.70	0.70	0.70	0.125 1
	保温隔热(C_{13})	0.94	0.49	0.78	0.324 9
	隔声性能(C_{14})	0.87	0.67	1.0	0.193 8
	适用性得分	0.810 9	0.625 9	0.766 3	
安全性(B_2) 0.190 0	结构安全(C_{21})	0.95	0.9	0.95	0.394 5
	建筑防火(C_{22})	1.0	0.47	0.47	0.276 7
	保温系统安全性(C_{23})	0.95	0.60	0.60	0.164 4
	有毒有害物质的危害性(C_{24})	1.0	0.80	0.80	0.164 4
	安全性得分	0.972 1	0.715 3	0.735 0	
耐久性(B_3) 0.124 6	结构构件耐久性(C_{31})	0.9	0.9	0.8	0.456 8
	保温系统耐久性(C_{32})	1.0	0.50	0.50	0.277 2
	住宅防水性能(C_{33})	0.70	0.70	0.70	0.161 0
	住宅防腐性能(C_{34})	0.80	0.70	0.70	0.096 0
	耐久性得分	0.877 8	0.729 6	0.683 9	

续表

一级指标(B_i)	二级指标(C_{ij})	不同体系住宅得分值			权重(W_{ij})
		复合剪力墙	普通剪力墙	砖混结构	
环境性(B_4) 0.280 4	材料生产对环境的影响(C_{41})	0.85	0.65	0.50	0.482 4
	废弃材料利用(C_{42})	0.64	0.80	0.20	0.178 0
	施工文明程度(C_{43})	0.75	0.60	0.55	0.251 3
	报废材料的处理(C_{44})	0.67	0.38	0	0.088 3
	环境性得分	0.739 6	0.640 3	0.415 0	
社会效益(B_5) 0.124 6	保护耕地(C_{51})	1.0	1.0	0	0.539 0
	有效利用稀缺资源(C_{52})	0.93	0.91	0	0.297 2
	对相关产业的带动(C_{53})	0.80	0.70	0.55	0.163 8
	社会效益得分	0.946 4	0.924 1	0.090 1	
性能总得分		0.846 8	0.697 0	0.567 3	

表 10-6　复合剪力墙体系费用

序号	费用名称	计算公式	费率	金额/元		
				土建	保温	装饰
1	直接工程费	分部分项直接费		225 113.4		40 439.77
	有税协商价	有税协商价			28 125	35 978.65
	无税协商价	无税协商价				
2	施工技术措施费	技术措施费		40 480.84		
3	施工组织措施费	组织措施费		11 654.66		1 753.5
4	直接费小计	1+2+3		277 248.9		42 193.27
5	企业管理费	4×相应费率	9	24 952.4		2 953.53
6	规费	4×核准费率	7	19 407.42		2 953.53
7	间接费小计	5+6		44 359.82		5 907.06
8	利润	(4+7)×利润率	8	25 728.7		3 126.52
9	动态调整	材料价差				
	系数材差	系数材差				
10	税金	(4+7+8+9)×税率	3.41	11 844.21	959.06	2 973.71
11	工程造价	4+7+8+9+10		359 181.63	29 084.06	90 179.21
12	平米造价			706.08	57.17	177.27

表 10-7 普通剪力墙体系费用

序号	费用名称	计算公式	费率	金额/元		
				土建	保温	装饰
1	直接工程费	分部分项直接费		193 341.71		46 282.63
	有税协商价	有税协商价			33 750	35 978.65
2	施工技术措施费	技术措施费		54 617.03		
3	施工组织措施费	组织措施费		10 009.75		2 006.84
4	直接费小计	1+2+3		257 968.49		48 289.47
5	企业管理费	4×相应费率	9	23 217.16		3 380.26
6	规费	4×核准费率	7	18 057.79		3 380.26
7	间接费小计	5+6		41 274.95		6 760.52
8	利润	(4+7)×利润率	8	23 939.48		3 578.25
9	动态调整	材料价差				
	系数材差	系数材差				
10	税金	(4+7+8+9)×税率	3.41	11 020.54	1 150.88	3 226.09
11	工程造价	4+7+8+9+10		334 203.46	34 900.88	97 832.98
12	平米造价			656.98	68.61	192.32

表 10-8 砖混体系费用

序号	费用名称	计算公式	费率	金额/元		
				土建	保温	装饰
1	直接工程费	分部分项直接费		160 832.26		44 440.2
	有税协商价	有税协商价			33 750	35 978.65
	无税协商价	无税协商价				
2	施工技术措施费	技术措施费		41 084.61		
3	施工组织措施费	组织措施费		8 326.67		1 926.96
4	直接费小计	1+2+3		210 243.54		46 367.16
5	企业管理费	4×相应费率	9	18 921.92		3 245.7
6	规费	4×核准费率	7	14 717.05		3 245.7
7	间接费小计	5+6		33 638.97		6 491.4
8	利润	(4+7)×利润率	8	19 510.6		3 435.81
9	动态调整	材料价差				
	系数材差	系数材差				
10	税金	(4+7+8+9)×税率	3.41	8 981.71	1 150.88	3 146.51
11	工程造价	4+7+8+9+10		272 374.82	34 900.88	95 419.53
12	平米造价			535.43	68.61	187.58

10.3.2　复合剪力墙体系及对比体系能耗计算

1. 理论公式

(1) 建筑物耗热量指标

在采暖期室外平均温度条件下，为保持室内计算温度，单位建筑面积在单位时间内消耗的、需由室内采暖设备供给的热量。耗热量指标由公式(10-1)计算：

$$q_{H}=q_{HT}+q_{INF}-q_{IH} \tag{10-1}$$

式中，q_{H} 为建筑物耗热量指标，单位为 W/m^2；q_{HT} 为单位建筑面积通过围护结构的传热耗热量，单位为 W/m^2；q_{INF} 为单位建筑面积的空气渗透耗热量，指通过门、窗等渗入冷空气的耗热量，单位为 W/m^2；q_{IH} 为单位建筑面积建筑内部得热量(包括炊事、照明家电和人体散热)，住宅建筑中取 3.80 W/m^2。

① 单位建筑面积通过围护结构的传热耗热量为

$$q_{HT}=(t_{n}-t_{w})\Big(\sum_{i=1}^{m}\varepsilon_{i}\cdot K_{i}\cdot F_{i}\Big)/A_{O} \tag{10-2}$$

式中，K_i 为围护结构的传热系数，单位为 $W/m^2\cdot K$；F_i 为围护结构的传热面积，单位为 m^2；ε_i 为围护结构传热系数的修正系数；t_n 为设计的室内空气平均温度(按建筑物功能选取)，一般住宅为 16℃；t_w 为整个采暖期的室外空气平均温度，单位为℃；A_O 为建筑面积，单位为 m^2。

② 单位建筑面积的空气渗透耗热量为

$$q_{INF}=(t_{n}-t_{w})(C_{\rho}\rho NV)/A_{O} \tag{10-3}$$

式中，C_ρ 为空气比热容，取 0.28 $W\cdot h/(kg\cdot K)$；ρ 为空气的密度，单位为 kg/m^2；N 为换气次数，住宅建筑取 0.51/h；V 为换气体积，单位为 m^3。

(2) 采暖耗煤量指标(耗煤量)

采暖耗煤量是指在采暖期室外平均温度条件下，为保持室内计算温度，单位建筑面积在一个采暖期内消耗的标准煤量。计算公式如下：

$$qc=24\cdot Z_{d}\cdot q_{H}/\eta_{1}\eta_{2}H_{c} \tag{10-4}$$

式中，qc 为单位建筑面积采暖耗煤量指标，单位为 kg/m^2；Z_d 为采暖期天数；q_H 为建筑物耗热量指标，单位为 W/m^2；η_1 为室外管网输送率，采暖节能措施前取 0.85，节能措施后取 0.90；η_2 为燃煤锅炉的热效率，采暖节能措施前取 0.55，节能措施后取 0.68；H_c 为标准煤的热值，取 8.14×10^3 $W\cdot h/kg$。

2. 参数的选取

① 在节能率 50%的标准下，对于采暖居住建筑应该严格执行 JGJ26—95《民用建筑节能设计标准(采暖居住建筑部分)》，查得：太原地区计算用采暖期：天数 135 天，室外空气平均温度为－2.7℃。

② 取标煤 0.4 元/千克。

③ 空气密度根据下式计算：

$$\rho \approx \frac{353}{273+T}\ \mathrm{kg/m^2}$$

式中，T 为室外空气温度，计算得 $\rho=1.31\ \mathrm{kg/m^2}$。

④ 围护结构传热系数的修正系数如表 10-9 所示。

表 10-9　围护结构传热系数的修正系数 ε_i 值

地区	窗户(包括阳台门上部)					外墙(包括阳台门下部)			屋顶	外门	地面
	类型	有无阳台	南	东、西	北	南	东、西	北	水平		
太原	单层窗	有	0.71	0.82	0.87	0.79	0.88	0.92	0.93	0.6	1.0
		无	0.54	0.71	0.80						
	双层窗	有	0.66	0.78	0.85						
		无	0.43	0.64	0.75						

3. 各体系能耗计算

复合剪力墙体系、普通剪力墙体系(EPS 外保温)、砖混结构体系(EPS 外保温)能耗指标计算如表 10-10、表 10-11 和表 10-12 所示。

表 10-10　复合剪力墙体系能耗指标计算

项目		t_n-t_w	ξ_i	K_i	F_i	Q_i	占总耗热的百分比/(%)
屋顶		18.7	0.93	0.441	166.031	1 273.36	10.9
外墙	东西	18.7	0.88	0.421	302.292	2 094.27	29.4
	南	18.7	0.79	0.421	87.576	544.67	
	北	18.7	0.92	0.421	106.326	770.10	
外门		18.7	0.6	2.5	4.86	136.32	1.2
窗户	东西	18.7	0.64	2.7	50.64	1 636.36	17.5
	南	18.7	0.43	2.7	18.75	407.08	
	北	18.7	0.75	2.7	0.00	0.00	
地面	周边地面	18.7	1.0	0.302	98.52	556.38	7.3
	非周边地面	18.7	1.0	0.302	52.97	299.14	
传热耗热量/W						7 717.68	66.3
空气渗透耗热量/W						3 926.25	33.7
传热耗热量指标/($\mathrm{W\cdot m^{-2}}$)			15.17				

续表

项目	t_n-t_w	ξ_i	K_i	F_i	Q_i	占总耗热的百分比/(%)
空气渗透耗热量指标/(W·m^{-2})	7.72					
内部得热量指标/(W·m^{-2})	3.80					
建筑物耗热量指标/(W·m^{-2})	19.09					
建筑耗煤量(标准煤)指标/(kg·m^{2})	12.42					
平米建筑面积采暖费/(元·米$^{-2}$)	4.97					
年能耗费用/(元·年$^{-1}$)	2 528.24					

表 10-11　普通剪力墙体系能耗指标计算

项目		t_n-t_w	ξ_i	K_i	F_i	Q_i	占总耗热的百分比/(%)
屋顶		18.7	0.93	0.441	166.031	1 273.36	9.8
外墙	东西	18.7	0.88	0.592	302.292	2 944.91	36.8
	南	18.7	0.79	0.592	87.576	765.91	
	北	18.7	0.92	0.592	106.326	1 082.91	
外门		18.7	0.6	2.5	4.86	136.32	1.0
窗户	东西	18.7	0.64	2.7	50.64	1 636.36	15.7
	南	18.7	0.43	2.7	18.75	407.08	
	北	18.7	0.75	2.7	0.00	0.00	
地面	周边地面	18.7	1.0	0.302	98.52	556.38	6.6
	非周边地面	18.7	1.0	0.302	52.97	299.14	
传热耗热量/W						9 102.37	69.9
空气渗透耗热量/W						3 926.25	30.1
传热耗热量指标/(W·m^{-2})		17.89					
空气渗透耗热量指标/(W·m^{-2})		7.72					
内部得热量指标/(W·m^{-2})		3.80					
建筑物耗热量指标/(W·m^{-2})		21.81					
建筑耗煤量(标准煤)指标/(kg·m^{-2})		14.18					
平米建筑面积采暖费/(元·米$^{-2}$)		5.67					
年能耗费用/(元·年$^{-1}$)		2 884.33					

根据JGJ 26—95《民用建筑节能设计标准(采暖居住建筑部分)》,查得山西省太原地区当建筑体型系数大于0.3时,外墙的传热系数限值为0.78 W/(m^2·K),耗热量指标限值为20.8 W/m^2,耗煤量指标限值为每年13.5 kg/m^2。

通过表中传热系数的计算可知,永久性保温墙模复合剪力墙体系外墙的传热系数为0.421 W/(m^2·K),比节能标准规定的限值低46%,比外贴EPS板复合剪力墙体系低29%,比砖混结构体系低13%。

通过能耗计算结果可以看出,永久性保温墙模复合剪力墙体系耗煤量指标为12.42 kg/m^2 标准煤,比节能标准规定的限值低8%,比外贴EPS板复合剪力墙体系低12%,比砖混结构体系低5%。这说明永久性保温墙模复合剪力墙体系的节能效果良好,满足节能标准限值,节约能源,保护环境。

表10-12　砖混结构能耗指标计算

项目		t_n-t_w	ξ_i	K_i	F_i	Q_i	占总耗热的百分比/(%)
屋顶		18.7	0.93	0.441	166.031	1 273.36	10.5
外墙	东西	18.7	0.88	0.482	302.292	2 397.72	32.2
	南	18.7	0.79	0.482	87.576	623.59	
	北	18.7	0.92	0.482	106.326	881.69	
外门		18.7	0.6	2.5	4.86	136.32	1.1
窗户	东西	18.7	0.64	2.7	50.64	1 636.36	16.8
	南	18.7	0.43	2.7	18.75	407.08	
	北	18.7	0.75	2.7	0.00	0.00	
地面	周边地面	18.7	1.0	0.302	98.52	556.38	7.0
	非周边地面	18.7	1.0	0.302	52.97	299.14	
传热耗热量/W						8 211.64	67.6
空气渗透耗热量/W						3 926.25	32.4
传热耗热量指标/(W·m^{-2})				16.14			
空气渗透耗热量指标/(W·m^{-2})				7.72			
内部得热量指标/(W·m^{-2})				3.80			
建筑物耗热量指标/(W·m^{-2})				20.06			
建筑耗煤量(标准煤)指标/(kg·m^2)				13.05			
平米建筑面积采暖费/(元·米$^{-2}$)				5.22			
年能耗费用/(元·年$^{-1}$)				2 655.41			

10.3.3　复合剪力墙体系及对比体系寿命周期成本

在对永久性保温墙模复合剪力墙体系与其他体系对比分析时，LCC 分析假设如下：

① 根据式(9-8)，全寿命周期成本包括前期费用、初始成本(建设投资等)、年运营成本(包括能源、清洁、环境保护)及年维护成本、替换(大修)成本、残值和可回收利用材料价值、政府补贴或税赋减免。

根据研究的实际情况，不考虑前期费用、残值和可回收利用材料价值、政府补贴或税赋减免等几项费用。另外，由于被研究的三类体系主要是在墙体存在差异，因此其年运营成本及年维护成本主要考虑能耗费用，其大修成本主要考虑墙体保温工程的更换和大修费用。

② 在计算方案的净现值与净年值时，为了把分析年限内发生的各种费用换算成统一的具有可比性的现在价值，需要选取一个基准贴现率，它的取值将对方案的选取有很大的影响。取 2007 年同期贷款利率为 7.29%。

③ 假设各体系的寿命周期为 50 年。

三类体系中，复合剪力墙体系采用玻化微珠保温墙模，为无机保温材料，耐候性、耐久性良好，不存在更换大修费用。大修费用的计算方法如下：

EPS 保温板薄抹灰外保温体系，要考虑 25 年后的保温系统的大修费用，包括保温板、水泥砂浆抹钢丝网墙面、外墙涂料及组织措施费用。其中保温工程的费用为 34 900.88 元，装饰部分费用为 21 154.94 元，总费用 56 055.82 元，每建筑平米的大修费用为

$$C_2 = 56\,055.82/508.7 = 110.19\ 元/米^2$$

大修费用折现值 $= C_2(P/F, i, n) = 110.19(1+7.29\%)^{-25} = 18.79$ 元/米^2

三类体系全寿命周期成本项目如表 10-13 所示。

表 10-13　寿命周期成本计算

序号	①	②	③	④=③ (P/A,i,50)	⑤	⑥	⑦=②+④+⑥
结构体系	建造费用/元	单位建造费用/(元·米$^{-2}$)	年平米能耗费用/(元·米$^{-2}$)	50 年能耗费用折现/(元·米$^{-2}$)	大修费用/(元·米$^{-2}$)	大修费用折现值/(元·米$^{-2}$)	单位建筑面积 LCC/(元·米$^{-2}$)
复合剪力墙	478 444.90	940.52	4.97	66.15	0	0	1 006.67
普通剪力墙	466 937.32	917.9	5.67	75.47	110.19	18.97	1 012.34
砖混结构	402 695.23	791.62	5.22	69.48	110.19	18.97	880.07

由表易知：在只考虑全寿命周期资金成本的情况下，砖混结构最低，复合剪力墙结构次之，而普通剪力墙体系最高。与普通剪力墙体系相比，本体系资金成本已低于普通剪力墙体系。如果考虑有机保温材料带来的环境成本和社会成本，这种差别将更为显著。与砖混结构相比，本体系的寿命周期资金成本高于砖混结构，相差为126.6元/米^2。但是如前所述，我国每年因为粘土砖烧制而毁田约50万亩，粘土砖在烧制的过程中消耗了大量能源，并排放大量的二氧化碳，这部分环境及社会成本发展高科技住宅，砖混结构在粘土砖烧制和使用过程中的环境成本和社会成本是惊人的。采用该体系可有效减少煤炭使用量，大量减少大气污染，节约大量的环境治理费用。

10.4 体系价值指数确定及评价

10.4.1 复合剪力墙体系及对比体系性能指数

根据式(9-10)，可以分别计算出三种体系的性能指数。

复合剪力墙体系性能指数为

$$\mathrm{FI}^{(1)}=\frac{F^{(1)}}{\sum\limits_{m=1}^{3}F^{(m)}}=\frac{0.8468}{0.8468+0.6970+0.5673}=0.4011$$

普通剪力墙体系(含外保温)性能指数为

$$\mathrm{FI}^{(2)}=\frac{F^{(2)}}{\sum\limits_{m=1}^{3}F^{(m)}}=\frac{0.6970}{0.8468+0.6970+0.5673}=0.3302$$

砖混结构体系(含外保温)性能指数为

$$\mathrm{FI}^{(3)}=\frac{F^{(3)}}{\sum\limits_{m=1}^{3}F^{(m)}}=\frac{0.5673}{0.8468+0.6970+0.5673}=0.2687$$

10.4.2 复合剪力墙体系及对比体系成本指数

根据式(9-11)，可以计算出三种体系的性能指数。

复合剪力墙体系成本指数为

$$CI^{(1)} = \frac{LCC^{(1)}}{\sum_{m=1}^{3} LCC^{(m)}} = \frac{1\,006.67}{1\,006.67 + 1\,012.34 + 880.07} = 0.347\,2$$

普通剪力墙体系成本指数为

$$CI^{(2)} = \frac{LCC^{(2)}}{\sum_{m=1}^{3} LCC^{(m)}} = \frac{1\,012.34}{1\,006.67 + 1\,012.34 + 880.07} = 0.349\,2$$

砖混结构体系成本指数为

$$CI^{(3)} = \frac{LCC^{(3)}}{\sum_{m=1}^{3} LCC^{(m)}} = \frac{880.07}{1\,006.67 + 1\,012.34 + 880.07} = 0.303\,6$$

10.4.3　复合剪力墙体系及对比体系价值指数

由式(9-9)可计算出三种体系的价值指数(性能成本比)。

复合剪力墙价值指数(性能成本比)为

$$VI^{(1)} = \frac{FI^{(1)}}{CI^{(1)}} = \frac{0.401\,1}{0.347\,2} = 1.155\,2$$

普通剪力墙价值指数(性能成本比)为

$$VI^{(2)} = \frac{FI^{(2)}}{CI^{(2)}} = \frac{0.330\,2}{0.349\,2} = 0.945\,6$$

砖混结构体系价值指数(性能成本比)为

$$VI^{(3)} = \frac{FI^{(3)}}{CI^{(3)}} = \frac{0.268\,7}{0.303\,6} = 0.885\,1$$

三种体系的性能、成本及价值指数计算结果汇总于表 10-14。

表 10-14　三种体系的性能、成本及价值

结构体系	性能得分	性能指数	LCC/(元·米$^{-2}$)	成本指数	价值指数	最优方案
复合剪力墙	0.846 8	0.401 1	1 006.67	0.347 2	1.155 2	√
普通剪力墙	0.697 0	0.330 2	1 012.34	0.349 2	0.945 6	
砖混结构	0.567 3	0.268 7	880.07	0.303 6	0.885 1	

从表 10-14 三种体系的性能成本比可以看出，复合剪力墙体系的价值指数(功能成本比)高于砖混结构及普通剪力墙结构，显示该体系具有较好的综合经济效益。

本分析所选择的对象为三层试验楼，而本体系的适用范围为多层及中高层结构，用于 6～12 层的多层及中高层住宅时，其单位建筑面积造价下降，节能带来的经济效果会更为显著，该体系的性价比会进一步提高。

10.5 本章小结

运用第9章建立的性能指标评价体系，对复合剪力墙体系及其对比体系进行性能评分，结果表明：复合剪力墙在住宅适用性、安全性、耐久性、环境性及社会效益等方面的综合性能得分显著高于其他体系。

进行了三种体系的能耗计算。计算结果显示复合剪力墙体系外墙的传热系数为0.421 W/(m^2·K)，满足建筑节能50%的要求，比节能标准规定限值低46%，比外贴EPS板复合剪力墙体系低29%，比砖混结构体系低13%。通过计算体系的耗煤量指标，得出永久性墙模复合剪力墙体系比节能标准规定限值低8%，比普通剪力墙体系低12%，比砖混结构体系低5%。说明该体系的节能效果好。

依据《山西省建筑装饰消耗量定额》及《山西省建设工程计价依据》计算了三种体系土建工程费用。

运用第9章建立的全寿命周期成本计算模型计算了三种体系的寿命周期成本，在只考虑全寿命周期的资金成本的情况下，砖混结构最低，复合剪力墙结构次之，而普通剪力墙体系最高。考虑粘土砖及有机保温材料使用带来的环境成本和社会成本，本体系具有显著的经济效益。

基于价值工程和寿命周期成本理论的经济性综合评价结果表明：该体系的性能成本比（价值）显著高于外墙采用有机保温的剪力墙体系及砖混结构体系，其综合经济效益是最优的。说明本体系在提高住宅适用性、安全性、耐久性等住宅品质的同时，还带来了显著的经济效益，可以同时使住宅开发者和居住者受益。

参考文献

[1] 国务院办公厅. 关于进一步推进墙体材料革新和推广节能建筑的通知（国发办[2005]33号），2005.

[2] 张维波，高泽江. 新型墙体材料发展的展望[J]. 辽宁建材，2003，1：12-13.

[3] 高琼英. 建筑材料[M]. 武汉：武汉工业大学出版社，1992.

[4] 李从典. 加速发展新型墙体材料[J]. 新型墙体材料与施工，2003，6：3-5.

[5] 李湘州. 国外墙体材料发展的若干动向[J]. 砖瓦综述，2003.7：35-36.

[6] 叶耀先，顾孟潮，米祥友. 世界建设科技发展水平与趋势[M]. 北京：中国科学技术出版社，1993.

[7] 聂开田，孙玉凤. 再论空心砖的推广使用及关键技术[J]. 砖瓦技术经验，

2003,09:76-79.
[8] 施楚贤. 砌体结构理论与设计[M]. 北京:中国建筑工业出版社,2003:1-126.
[9] Robert E. Englekirk,Gary C. Hart. Earthquake Design of Concrete Masonry Buildings. Prentice-Hall,Inc,1984.
[10] Shing P. B. ,Nolang J. Land Klamerus,et al. Behavior of Concrete Masonry Shear Walls. Journal of Structural Engineering,1989,115(3):2204-2225.
[11] Haluk Sucuoglu. Seismic Resistance of Reinfored Masonry Piers. ASCE,1991,7.
[12] Priestley M. J. N. Seismic. Resistance of Reinforced Concrete Masonry Shear Walls with High Steel Percentages. Bull. New Zealand: Nat. Soc. Earthquake Engrg,1977,10(1):226-236.
[13] Seible F. ,Hegemier G. A. ,Igarashi A. ,et al. Simulated Seismic-Load Tests in Full-Scale Five-Story Masonry Building. Journal of Structural Engineering,1994,120(3):903-924.
[14] Seible F. Priestley M. J. N. ,Kingsley G. R. ,et al. Seismic Response of Full-Scale Five-Story Reinforced-Masonry Building. Journal of Structural Engineering,1994,120(3):925-947.
[15] Priestley M. J. N. Seismic Design of Concrete Masonry Shear walls. ACI Journal,1986,83(1):58-68.
[16] Shing P. B. ,Schuller M. ,Hoskere V. S. . In Plane Resistance of Reinforced Masonry Shear Walls. Journal of Structural Engineering,1990,116(3):619-640.
[17] Shing P. B. ,Schuller M. ,Hoskere V. S. ,et al. Flexural and Shear Response of Reinforced Masonry Shear Walls. ACI Journa1,1990,87(6):646-656.
[18] Tomazevic M. ,Lutman M. ,Petkovic L. . Seismic Behavior of Masnry Walls: Experimental Simulation. Journal of Structural Engineering,1996,122 (9).
[19] Chai Y. H. ,Yaw L. . Reversed Cyclic Response of Monolithic and Slitted Reinforced Concrete Masonry Wall-piers. Engineering Structures,1999,21:99-111.
[20] 四川建筑科学研究院. 八度区混凝土空心小砌块建筑抗震性能研究成

果鉴定资料集.1986,4.
[21] 阎宝民,等.混凝土小砌块剪力墙斜截面抗剪承载力计算公式的研究[J].建筑结构,2000,3:11-13.
[22] 于福臻,百玉素.抗震配筋砌体钢筋效应相关公式的研究[J].哈尔滨工业大学学报,1998,4:26-30.
[23] 冯继行.钢筋混凝土空心小砌块组合墙抗震性能研究[D].上海:同济大学,1997.
[24] 施楚贤,谢小军.混凝土小型空心砌块砌体受力性能[J].建筑结构,1999.3:10-13.
[25] 杨伟军.混凝土砌体与配筋砌体剪力墙研究及砌体结构可靠性分析[D].长沙:湖南大学,2000.
[26] 田玉滨.配筋砌块砌体剪力墙砌块连梁的抗震性能研究.哈尔滨工业大学博士学位论文[D].哈尔滨:哈尔滨工业大学,2002.
[27] 施楚贤,杨伟军.配筋砌块砌体剪力墙的受剪承载力及可靠度分析[J].建筑结构,2001,31(3):41-44.
[28] 杨伟军,施楚贤.配筋砌块剪力墙抗剪承载力研究[J].建筑结构,2001,31(9):25～28.
[29] 董亮,张明聚,曲俊义.免拆模板复合剪力墙体系及施工技术研究[J].石家庄铁道学院学报,2004.2:37-41.
[30] 于庆荣,张洪波,张晶廷.CL建筑体系的设计与经济分析[J].施工技术,2000,(7):16-17.
[31] 张小红.新型墙体材料舒乐舍板的应用[J].西部探矿工程,1999,(11):171-172.
[32] 屠仲元,励慧恒.三维舒乐舍板一种新型节能板材[J].混凝土与水泥制品,1998,(1):53-54.
[33] 王立久,李洪义.我国新型住宅结构体系及其墙体材料现状[J].房材与应用,2001,29(2):3-5.
[34] 王立久,刘显福.帝枇模网[J].房材与应用,1999,(4):20.6-8.
[35] 冯葆纯.保温砌模现浇钢筋混凝土网格剪力墙承重体系的研究[J].建筑砌块与砌块建筑,2004,1:19-23.
[36] 武藤清.结构物动力设计[M].北京:中国建筑工业出版社,1984.
[37] 薄庭辉.改善底部框剪抗震墙砖房抗震性能的试验和分析研究[D].天津:天津大学,1994.
[38] 高小旺.带边框开竖缝钢筋水泥低矮墙的试验研究[J].建筑科学,

1995,4:24-32.
[39] 夏晓东.钢筋混凝土有边框带缝槽低剪力墙抗震性能的试验研究和延性设计[D].南京:东南大学,1989:6-91.
[40] 夏晓东,丁大均,等.钢筋混凝土延性低剪力墙的试验研究[J].结构工程学报,1991(1,2):75-81.
[41] F. Barda,J. Hanson. Shear Strength of Low-Rise Walls with Boundary Elements. ACI-SP-53,Detroit,1977.
[42] 夏晓东,丁大均.剪力墙试验中施加水平分布力的新装置[J].工业建筑,1991(12):1820.
[43] 戴航,夏晓东,丁大均.多层混合结构的延性设计方法[J].建筑结构,1993(2):47-51.
[44] H. Dai,X. D. Xia,D. J. Ding. A seismic Construction and Design Method for Multi-Storey Composite Structures[J]. Earthquake Engineering and Structural Dynamics,1996,9(25):887-907.
[45] 马锦.低剪力墙中陶粒混凝土的软化曲线及墙板受力性能分析[D].天津:天津大学,1988.
[46] 史建生.钢筋混凝土低矮剪力墙的试验[D].南京:东南大学,1989:3-67.
[47] 戴航.带水平短缝槽低剪力墙在循环荷载下的试验研究和4层剪力墙的振动台模型试验[D].南京:东南大学,1991:1-109.
[48] 戴航,丁大均,陆勤.带水平短缝槽低剪力墙与普通剪力墙模型的对比振动台试验研究[J].工程力学,1992,9(2):76-85.
[49] D Darwin,et al. Analysis of R. C. Shear Panels under Cyclic Loading. Journal of Structural Division,ASCE,1970,102(2).
[50] 朱伯龙,等.结构抗震试验[M].北京:地震出版社,1989.
[51] Dai Hang,Ding Dajun. Dynamic Response and Energy Dissipation Analysis of the Wall with Horizontal Short Keyways and Low-rise Shear wall. Journal of Southeast University,1993,9(1):33-39.
[52] V Cervenka,et al. Inelastic Analysis of R. C. Panels,Part II:Experimental Verification and Application. IABSE Publications,1971,1(3):1-11.
[53] 李爱群.钢筋混凝土剪力墙结构抗震控制及其控制装置研究[D].东南大学,1992:9-116.
[54] Aiqun Li,Dajun Ding,Zhengliang Cao. Experimental Study of Rein-

forced Concrete Framed Shear wall with Friction Damping Control Devices. The Structure Design of Tall Building,1995(5):129-139.

[55] 康胜.钢筋水泥双功能带缝剪力墙抗震性能研究[D].北京:清华大学,1999,6.

[56] 叶列平,康胜,曾勇.双功能带缝剪力墙的弹性受力性能分析[J].北京:清华大学学报,1999,9(12):79-81.

[57] 康胜,曾勇,叶列平.双功能带缝剪力墙的刚度和承载力研究[J].工程力学,2001,18(2):2-34.

[58] 吕西林,Cheung Y. K. ,Kwan A. K. H. .高层剪力墙结构抗震控制研究[J].上海:同济大学学报,1994.22:41-49.

[59] 蒋欢军,吕西林.沿竖向耗能剪力墙的低周反复荷载试验研究[J].工程力学,1997,(增刊):649-654.

[60] 吕西林.新型抗震耗能剪力墙结构的振动台试验与分析[C].第二届中日建筑结构技术交流会论文集,1995,10.

[61] 蒋欢军,吕西林.用一种墙体单元模型分析剪力墙结构[J].地震工程与工程振动,1998,18(3):40-49.

[62] Ding Dajun,Cao Zhengliang,Zhang Shuangji. Experimental Studies of New Ductile Coupling Beams and Multi-storey Shear walls. Materials & Structures (RILEM),1997,11:566-573.

[63] 曹万林,张建伟,田宝发.带暗支撑剪力墙体系抗震研究及应用.第十三届全国结构工程学术会议特邀报告.

[64] 董宏英.带暗支撑双肢剪力墙抗震性能试验及设计理论研究[D].北京工业大学博士毕业论文,2004,4.

[65] 曹万林,张建伟,董宏英,郑同亮. 内藏桁架混凝土组合高剪力抗震性能[J].哈尔滨工业大学学报,2009,41(4):153-158.

[66] 李珠,芦建军,张泽平,等.超轻骨料免拆墙模复合剪力墙体系保温性能研究[J].太原理工大学学报,2006(增刊).

[67] 李珠,商冉,刘元珍,等.带缝剪力墙开缝变化对其强度及刚度的影响[J].太原理工大学学报,2006(增刊).

[68] 刘元珍,李珠,张泽平,等.大剪跨比带缝剪力墙非线性分析[J].特种结构,2007,24(2):59-62.

[69] 刘元珍,李珠.保温墙模复合剪力墙试验研究[J].太原理工大学学报,2008.

[70] 刘元珍,李珠,张泽平,等.保温墙模带缝剪力墙非线性有限元分析[J].

工程力学,2008,4:152-157.
[71] 李珠,李罡,刘元珍.小剪跨比带缝剪力墙非线性分析[J].西安建筑科技大学学报,2008,1:8-12.
[72] 卫丽.轻骨料混凝土免拆墙模复合剪力墙体系非线性有限元分析及力学性能研究[D].太原:太原理工大学,2006.
[73] 李珠,张泽平,刘元珍,等.建筑节能的重要性及一项新技术[J].工程力学学报,2006,23(增刊Ⅱ):146-149.
[74] 徐惠忠.轻质墙板用原材料及其技术要求[J].房材与应用,1997(5),46-49.
[75] 唐金明、张素娟,等.玻璃纤维水泥平板复合板的性能研究[J].山东建材,2001,3:12-14.
[76] 熊瑞生,用锡武,张新.毛发纤维对水泥抗折强度影响的试验研究[J].信阳师范学院学报,2002,1,15(1):107-109.
[77] 龚益,沈荣熹,李青海.杜拉纤维在土建工程中的应用[M].北京:机械工业出版社.
[78] 朱盈豹.保温材料在建筑墙体节能中的应用[M].北京:中国建材工业出版社,2003.
[79] 向东,等.绿色产品的基本概念与评价方法[J].机械设计,2000,(03).
[80] 湖南大学,天津大学,同济大学,等.建筑材料[M].北京:中国建筑工业出版社,1998.
[81] GBJ100—87住宅建筑模数协调标准[S].北京:中国计划出版社,1991.
[82] 仲继寿.混凝土空心砌块建筑设计的若干措施[J].建筑结构,2000,12:23-26.
[83] 白宪臣.粉煤灰空心砌块的孔型构造与节能降噪[J].新型建筑材料,1998,3:25-26.
[84] 孙氰萍,唐岱新,周炳章,等.混凝土小型空心砌块建筑设计[M].北京:中国建材工业出版社,2001.
[85] 朱盈豹.外墙保温经济性[J].辽宁建材科技,2003,9:23-24.
[86] GB 50176—93民用建筑热工设计规范[S].中华人民共和国国家标准.
[87] 沈蒲生,梁兴文.混凝土结构设计原理[M].北京:高等教育出版社,2002:315-316.
[88] GB50010—2002混凝土结构设计规范[S].中华人民共和国建设部,国家质量监督检验检疫总局.2002:13-15.
[89] 宫广娟.短肢剪力墙内力计算的研究[D].郑州:郑州工业大学,2003,

17-18.

[90] 顾祥林,孙飞飞. 混凝土结构的计算机仿真[M]. 上海:同济大学出版社,2002.

[91] 李桂林,程良奎,罗竞宁. 混凝土与钢筋混凝土施工手册[M]. 北京:冶金工业出版社,1988.

[92] 牛清山,陈凤英. 模板及支撑工程实务手册[M]. 北京:地震出版社,1995.

[93] 过镇海. 钢筋混凝土原理[M]. 北京:清华大学出版社,1999.

[94] 冯葆纯,钱稼茹,王海宁,等. 保温砌模现浇钢筋混泥土网格剪力墙承重体系的研究[R]. 北京:清华大学项目工作报告,2003.

[95] 江见鲸. 钢筋混凝土结构非线性有限元分析[M]. 西安:陕西科学技术出版社,1994.

[96] ANSYS . INC. Element Reference,1998.

[97] Bangash M. Y. H. . Concrete and Concrete Structure. London:Numerical Modeling and Applications. Elsevier Science Publishers Ltd,1989.

[98] Huyse L. ,Hemmaty Y. ,Vandewalle L. . Finite Element Modeling of Fiber Reinforced Concrete Beams. Proceedings of the ANSYS Conference,Vol. 1,Pittsburgh. Pennsylvania,May,1994.

[99] Hemmaty Y. . Modeling of the Shear Force Transferred Between Cracks in Reinforced and Fiber Reinforced Concrete Structures. Proceedings of the ANSYS Conference. Vol. 1,Pittsburgh. Pennsylvania,August,1998.

[100] 董宏英. 带暗支撑双肢剪力墙抗震性能试验和设计理论研究[D]. 北京:北京工业大学,2002.

[101] Mindess S. ,Young J. F. . Concrete. Prentice-Hall. Inc. Englewood Cliffs,New Jersey,1981.

[102] Shah S. P. ,Swartz S. E. ,Ouyang C. . Fracture Mechanics of Concrete. John Wiley&Sons. Inc,New York,1995.

[103] 过镇海. 关于混凝土的破坏准则、破坏形态和纯剪强度的讨论[J]. 工程力学,1996:13(1),132-142.

[104] 过镇海,张秀琴. 混凝土受拉应力一变形全曲线的试验研究报告[J]. 建筑结构学报,1988,4:47-55.

[105] 王新毅. 钢筋混凝土开洞墙体的有限元分析[D]. 天津:河北工业大学,2005. 4:7-17.

[106] William K. J. ,Warnke E. D. . Constitutive ModeI for the Triaxial Behaviorof Concrete [C]. Proceedings lnternational Association for Bridge and Structural Engineer ,1975,Vol. 19,ISMES,Bergamo,174-186.

[107] 北京大学数学力学系数学专业概率统计组编. 正交设计——一种安排多因素试验的数学方法[M]. 北京:人民教育出版社,1996.

[108] 全国化工系统高校数学组编. 概率统计[M]. 河南科学出版社,1992.

[109] Holland P. E. ,R. E. Welsch. Robust regression using iteratively reweighed least-squares. Communications in Statistics: Theory and Methods,A6:813-827.

[110] 陈仁恩,黄良文. 统计学原理[M]. 北京:中央广播电视大学出版社,1986:256-277.

[111] 蔡正咏,王足献. 正交设计在混凝土中的应用[M]. 北京:中国建筑工业出版社,1995.

[112] 苏金明,阮沈勇. MATLAB[M]. 北京:电子工业出版社,2002:305-394.

[113] 尹春明,丁春利. 精通 MATLAB6[M]. 北京:清华大学出版社,2001:128-132.

[114] 包世华,方鄂华. 高层建筑结构设计[M]. 北京,清华大学出版社,1990.

[115] 徐培福,黄小坤,等. 高层建筑混凝土结构技术规程[M]. 北京:中国建筑工业出版社,1990.

[116] 郭华. 高层建筑结构有限元分析[D]. 太原:太原理工大学,2001.

[117] 郭秀华. 中国国家大剧院结构抗震动力分析[D]. 太原:太原理工大学学位论文,2001.

[118] GB50011—2001《建筑抗震设计规范》[S]. 中华人民共和国国家标准,2002:5-6.

[119] 张明. 九华山回香阁万佛塔结构动力分析[D]. 太原:太原理工大学,2005.

[120] G. Ayala,叶献国. Analytical Evaluation of the Structural Seismic Damage of Reinforced Concrete Frames[C]. 第 7 届加拿大地震工程大会论文集,1995:389-396.

[121] William Weaver,Jr. Paul R. Johnston. Structural Dynamics by Finite Elements. Prentice-Hall, Englewood Cliffs, New Jersey, 1987: 144-

154.

[122] 廖祖仁,傅崇伦.产品寿命周期费用评价法[M].北京:国防工业出版社,1993.

[123] Qiping Shen, Kak-Keung Lo. Priority setting in maintenance management, an analytic approach. The Hong Kong Polytechnic University, 1999:32-54.

[124] 肖维品.建筑系统工程[M].重庆:重庆大学出版社,1998.

[125] 陈起俊,王艳艳.工程项目全生命周期费用管理的探讨[M].工程设计与建设,2005,1:1-4.

[126] GB/T 50362—2005 住宅性能评定技术标准.北京:中国标准出版社,2005.

[127] 建设部住宅产业化促进中心.商品住宅性能评定方法和指标体系.2000,7.

[128] Kamal M., Al-Subhi, Al-Harbi. Application of the AHP in Project Management International. Journal of Project Management, 2001, 19: 19-27.

[129] 住宅价值工程测评指标体系研究结题报告书[R].重庆:重庆建筑大学,2000.